U0333161

云南交通职业技术学院
利用德国促进贷款改善办学条件建设项目
系列实训指导书编委会

主　任：李云霞

副主任：晏　杉　　赵庆樱　　陈　静

编　委：赵秀华　　武春平　　陈云江　　王艳苹　　李　婷

　　　　刘录松　　张艳芳　　王钱静　　姜　丹

工程机械模拟操作实训指导书

主　编　孙　燕　赵文珅

副主编　陈有俊　姬文晨　赵　伍

主　审　张爱山

云南出版集团

云南人民出版社

图书在版编目（CIP）数据

工程机械模拟操作实训指导书 / 孙燕 , 赵文珅主编
. -- 昆明 : 云南人民出版社 , 2020.8
ISBN 978-7-222-19554-7

Ⅰ.①工… Ⅱ.①孙… ②赵… Ⅲ.①工程机械—高
等职业教育—教材 Ⅳ.① TH2

中国版本图书馆 CIP 数据核字 (2020) 第 151788 号

出 品 人：赵石定
组稿统筹：冯 琰
责任编辑：冯 琰
助理编辑：谢筑娟
责任校对：张益珲
装帧设计：李 洁
责任印制：马文杰

工程机械模拟操作实训指导书

Gongcheng Jixie Moni Caozuo Shixun Zhidaoshu

主 编：孙 燕 赵文珅

副主编：陈有俊 姬文晨 赵 伍

主 审：张爱山

出版 云南出版集团 云南人民出版社
发行 云南人民出版社
社址 昆明市环城西路 609 号
邮编 650034
网址 www.ynpph.com.cn
E-mail ynrms@sina.com
开本 787mm × 1092mm 1/16
印张 8
字数 140 千
版次 2020 年 8 月第 1 版第 1 次印刷
印刷 昆明瑆煌印务有限公司
书号 ISBN 978-7-222-19554-7
定价 30.00 元

云南人民出版社微信公众号

如需购买图书、反馈意见，请与我社联系

总编室：0871-64109126 发行部：0871-64108507 审校部：0871-64164626 印制部：0871-64191534

前　　言

　　本实训指导书由云南交通职业技术学院工程机械学院根据高职高专工程机械运用技术、公路机械化施工技术专业人才培养目标编写。编者中有从事专业教学的教师，也有常年承担一线实训的教师，他们结合多年的教学经验和岗位从业经验完成了编写任务。在此向所有参编人员表示衷心感谢。

　　本实训指导书结合实训项目的要求，设计了学习知识点、技能训练任务和实训评价等内容，教学内容丰富、教学设计合理，方便教师完成实训教学，是一本典型的理实一体化实训教材。本实训指导书注重操作性、实用性，可作为高职高专工程机械专业类学生的实训教材，也可作为工程机械企业相关岗位的培训教材，同时可供工程机械行业的专业技术人员学习参考。

　　由于编者水平有限、时间仓促，教材中难免存在缺点和错误，诚恳期待使用本实训指导书的教师、学生及专业技术人员给予批评指正。

编　者

2020 年 3 月

实训基本信息

学 生 姓 名：_____

专　　　　业：_____

学　　　　号：_____

班　　　　级：_____

校内指导教师：_____

校外指导教师：_____

实 训 时 间：_____

实 训 地 点：_____

实 训 成 绩：_____

实训纪律

1. 学生到工程机械模拟操作实训室实习，必须听从实训老师的指导，认真完成实训任务。

2. 严格遵守学校和实训室的规章制度，遵守纪律，严格考勤，不得无故缺席。

3. 严格遵守实训室的安全操作规程、劳动纪律等相关规定，现场实训前必须完成安全教育，未受教育者不得进入实训现场。

4. 实训期间如因特殊原因不能参加实训的，必须向实训老师请假，事假或病假须持相关证明。

5. 对违反纪律的，实训成绩按不合格处理；严重违反纪律的，按学校有关纪律规定处理。

6. 实训期间要严肃认真，禁止喧哗打闹；在实训中，要积极主动参与实训项目并认真操作。

7. 认真、严谨地完成实训任务。

8. 注意爱护机器设备，损坏要照价赔偿。

9. 实习结束后，须打扫卫生，将仪器、工具整理好，经实训指导老师检查后方可离开。

目　　录

实训项目一　模拟操作单斗液压挖掘机 …………………………………… 1

实训项目二　模拟操作推土机 ……………………………………………… 18

实训项目三　模拟操作装载机、叉车 ……………………………………… 30

实训项目四　模拟操作平地机 ……………………………………………… 50

实训项目五　模拟操作压路机 ……………………………………………… 63

实训项目六　模拟操作摊铺机 ……………………………………………… 71

实训项目七　模拟操作铣刨机 ……………………………………………… 80

实训项目八　模拟操作塔吊 ………………………………………………… 90

实训项目九　模拟操作汽车吊/履带吊 …………………………………… 98

实训项目十　模拟操作龙门吊/桥门吊 …………………………………… 108

实训项目一 模拟操作单斗液压挖掘机

一、实训目标

（一）知识点

1. 了解挖掘机的用途及分类。

2. 了解单斗液压挖掘机的主要结构和工作原理。

3. 熟练掌握单斗液压挖掘机的安全操作规程。

4. 重点掌握单斗液压挖掘机操作的注意事项。

（二）技能点

1. 熟练、安全、高效率地模拟操作单斗液压挖掘机。

2. 在模拟操作仪上熟练完成单斗液压挖掘机的典型工作任务。

二、实训项目背景

（一）挖掘机的用途

挖掘机（图1.1和图1.2分别是履带式挖掘机和轮胎式挖掘机）是用来开挖土方的一种施工机械，它是用铲斗上的斗齿切削土壤并装入斗内，装满土后提升铲斗并回转卸土，然后再使转台回转，铲斗下降到挖掘面，进行下一次挖掘。挖掘机主要用于筑路工程中的堑壕开挖，建筑工程开挖基础，水利工程开挖沟渠、运河和疏通河道，在采石场、露天开采等工程中进行挖掘、剥离等工作。据统计，工程施工中约有60%的土石方量是靠挖掘机完成的。

图1.1　履带式挖掘机　　　　　图1.2　轮胎式挖掘机

（二）挖掘机的分类

按动力装置分：有电驱动式、内燃机驱动式、复合驱动式。其中内燃机驱动式较为普遍。

按传动方式分：有机械传动式、液力机械传动式、全液压传动式。

按行走机构的结构型式分：有履带式、轮胎式等。其中履带式挖掘机所占比例较大。

按工作装置分：单斗挖掘机有正铲挖掘机、反铲挖掘机、刨铲挖掘机、刮铲挖掘机、拉铲挖掘机、抓斗挖掘机、吊钩起重机、打桩机和夯土机。

图1.3是单斗液压挖掘机的工作装置主要型式。

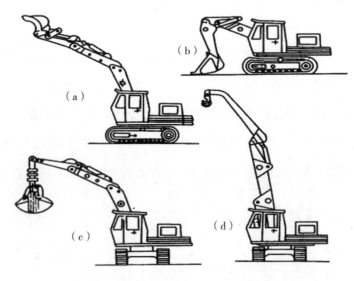

（a）反铲　（b）正铲　（c）抓斗　（d）起重

图1.3　单斗液压挖掘机的工作装置主要型式

（三）挖掘机的技术原理

单斗挖掘机是一种以铲斗为工作装置进行间隙循环作业的挖掘、装载工程机械，其优点是挖掘能力强、结构通用性好、可适应多种作业要求；缺点是机动性差。

每一工作循环可分为4个步骤：挖土装载、满载回转、卸土、空斗转回至工作面。完成这4个步骤所需的时间可分别定为 t_1，t_2，t_3，t_4，则完成一个工作循环所需要的时间为：$T = t_1 + t_2 + t_3 + t_4$。其中挖掘深度、回转角度、土质情况、驾驶员熟练程度对挖掘机的生产效率影响较大。

三、相关知识准备

（一）单斗液压挖掘机的主要结构

单斗液压挖掘机主要结构由工作装置、回转机构、动力装置、传动操纵机构、行走装置和辅助设备等组成（如图1.4所示）。常用的全回转（转角大于360°）式挖掘机，其动力装置、传动操纵机构的主要部分、回转机构、辅助设备和驾驶室等都装在可回转的平台上，通称为上部转台，因而又把这类机械概括成由工作装置、上部转台和行走装置三大部分组成。

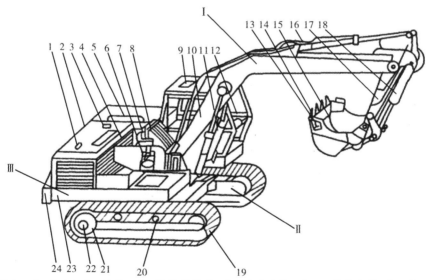

1—柴油机；2—机棚；3—油泵；4—液控多路阀；5—液压油箱；6—回转减速器；7—液压马达；8—回转接头；9—驾驶室；10—动臂；11—动臂油缸；12—操作台；13—边齿；14—斗齿；15—铲斗；16—斗杆油缸；17—斗杆；18—铲斗油缸；19—履带板；20—托链轮；21—支重轮；22—行走减速器液压马达；23—转台；24—平衡重。Ⅰ—工作装置；Ⅱ—行走装置；Ⅲ—上部转台。

图 1.4 单斗液压挖掘机的主要结构简图

（二）反铲工作装置的结构

反铲是单斗液压挖掘机最常用的结构型式，动臂、斗杆和铲斗等主要部件彼此铰接（见图 1.5），在液压缸的作用下各部件绕铰点摆动，完成挖掘、提升和卸土等动作。

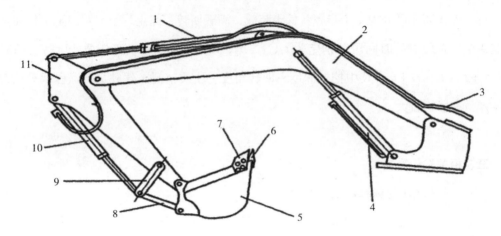

1—斗杆油缸；2—动臂；3—油管；4—动臂油缸；5—铲斗；6—斗齿；7—侧齿；8—连杆；
9—摇杆；10—铲斗油缸；11—斗杆。

图 1.5 反铲工作装置

（三）正铲工作装置的结构

单斗液压挖掘机正铲结构如图 1.6 所示，主要由动臂、动臂油缸、铲斗、斗底油缸等组成。

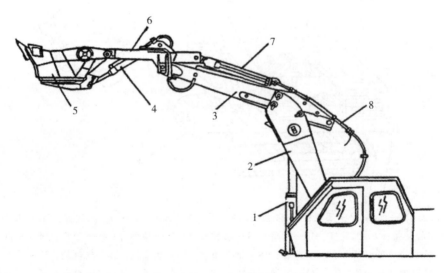

1—动臂油缸；2—动臂；3—加长臂；4—斗底油缸；5—铲斗；6—斗杆；
7—斗杆油缸；8—液压软管。

图 1.6 正铲工作装置

四、实训项目准备工作

（一）明确岗位安全职责

1. 负责日常例行保养，对单斗液压挖掘机进行检查、维修、调整、紧固，并做好记录。

2. 负责施工作业中的人员和机械安全。

3. 严格按安全技术交底和操作规程实施作业。

（二）上岗条件

1. 接受过专业安全技术及技能培训，经考核合格并取得建设行政主管部门颁发的操作证后，方可持证上岗。

2. 操作人员必须体检合格，凡患有高血压、心脏病、癫痫病和其他有碍安全操作的疾病与生理缺陷者，不得从事此项操作。

（三）上岗作业准备

1. 接受安全技术交底，清楚其内容，包括：填挖土的高度和深度，边坡及电线高度，地下电缆、各种管道和坑道、各种障碍物的情况和位置。

2. 检查燃料、润滑油、冷却水是否充足，不足时应予添加。在添加燃油时严禁吸烟及接近明火，以免引起火灾。

3. 检查电路绝缘和各开关触点是否良好。

4. 检查液压系统各管路及操作阀、工作油缸、油泵等，是否有泄漏，动作是否异常。

5. 检查钢丝绳及固定钢丝绳的卡子是否牢固可靠。

6. 将主离合器操纵杆放在空挡位置上，起动发动机。检查各仪表、传动机构、工作装置、制动机构是否正常，确认无误后，方可开始工作。

（四）单斗液压挖掘机的安全操作规程

1. 操作中，进铲不应过深、提斗不应过猛，每次挖土高度一般不能高于 4 米。

2. 向自卸汽车上卸土应待车子停稳后进行，禁止铲斗从汽车驾驶室上越过。

3. 铲斗回转半径内遇有推土机工作时，应停止作业。

4. 行驶时，臂杆应与履带平行，要制动住回转机构，铲斗离地 1 米左右。上下坡时，坡度不应超过 20 度。

5. 装运挖掘机时，严禁在跳板上转向和无故停车。

6. 连接电动挖掘机电源电缆时，必须取出开关箱上的保险丝。

7. 挖掘机如必须在高、低压架空线路附近工作或通过时，机械与架空线路的安全距离，必须符合表1.1所规定的安全距离。雷雨天气，严禁在架空高压线近旁或下面工作。

表1.1 不同电压等级的安全距离

线路电压等级	垂直安全距离/米	水平安全距离/米
1 kV 以下	1.5	1.5
1~20 kV	1.5	2.0
35~110 kV	2.5	4.0
154 kV	2.5	5.0
220 kV	2.5	6.0

8. 在地下电缆附近作业时，必须查清电缆的走向，用白粉标示在地面上，并应保持在1米以外进行挖掘。

五、模拟操作单斗液压挖掘机程序

（一）模拟操作仪介绍

1. 项目选择键。

上 = 左手柄向上

下 = 左手柄向下

左 = 左手柄向左

右 = 左手柄向右

项目确定键：右手柄向右（进入子项目或进入场景）

项目退回到上一级项目：右手柄向下。

2. 手柄作用。

左手柄：向左或向右→挖掘机整体向左或向右旋转

向前或向后→挖掘机小臂提升或下降

右手柄：向左或向右→挖掘机铲斗收或放

向前或向后→挖掘机大臂降低或升高

3. 场景内操作说明：在场景作业时，如有点火钥匙，应先旋动点火钥匙，启动机器

（钥匙向右旋动一下，为点火；再接着向右旋转，则机器启动，旋转后自动复位，画面中"红色钥匙图像"变成"绿色钥匙图像"），并把液压锁拉起。

场景内调出菜单（退出训练）＝左操纵箱"退出"按钮

场景内切换视角＝右操纵箱"视角"按钮

场景内切换正反手＝左操纵箱"正反手"按钮

场景内切换速度＝右操纵箱"速度"按钮

（二）模拟操作程序

该软件通过电脑运行操作。启动电脑后自动进入软件操作系统，出现"启动画面"后操纵右手柄向右移动即代表"确定"，开始进入其子项目选择界面（图1.7）。

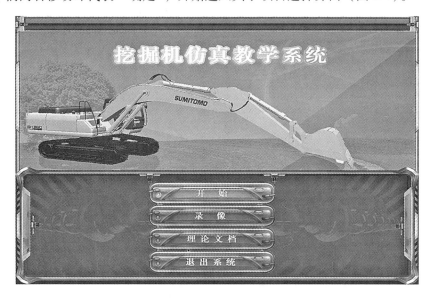

图1.7 挖掘机仿真教学系统主界面

左手柄向下移动可以选择"开始""录像""理论文档""退出"4个选项。

1. 选择"理论文档"，通过操纵左手柄向下移动观看"理论文档"，包含挖掘机的各方面理论资料及动作要领、注意事项等共计21课402张PPT理论学习资料（图1.8）。

2. 选择"录像"视频文件，通过左手柄左右移动选择"录像"视频文件进行观摩、学习，录像内容采用录制挖掘机操作录像（图1.9）。

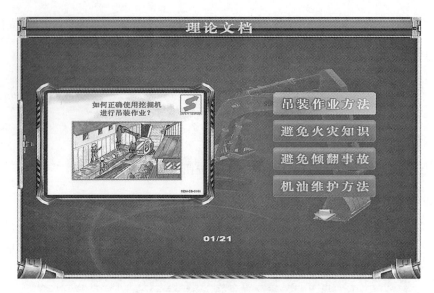

图 1.8　理论文档

内容包括：挖掘机施工方法基础、挖掘机禁止作业内容、挖掘机安全事故分析、挖掘机安全知识、挖掘机操作知识、挖掘机保养知识、第一届挖掘机操作大赛上下集、挖土甩方、装车、找平、挖沟、上下坡、上下板。

图 1.9　录像选择

3. 选择"开始"，在模式选择界面（图 1.10）操纵左手柄对 3 个选项进行操作。课题共包含了 22 个挖掘机模拟操作课题，分为 3 种操作模式。

（1）训练模式：为学员掌握基础知识、操作注意事项及动作要领而设计的。

（2）考核模式：通过学员操作一系列与实际操作作业相关的课题，来检验学员对挖掘机操作熟练程度。

（3）娱乐模式：以寓教于乐的方式将游戏融入挖掘机操作中，从而提高学员的学习兴趣。

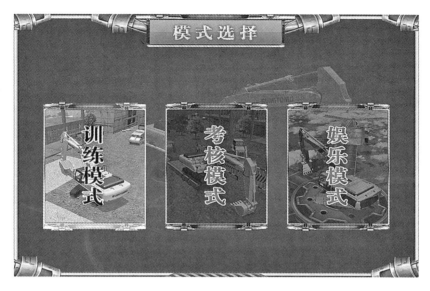

图 1.10　模式选择

① 选择"训练模式"，操纵左手柄左右移动可选择 2 个子训练模式：入门学习和实践训练（图 1.11）。

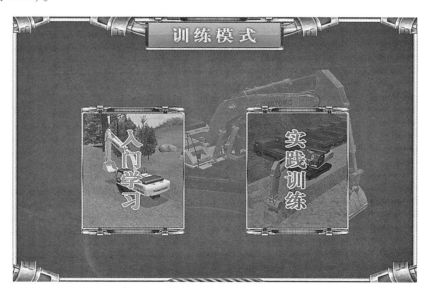

图 1.11　训练模式

操纵左手柄选择"入门学习"内课题（图 1.12），操纵右手柄向右进行确认选择。

"入门学习"包含 5 个操作课题：

空动作，操纵手柄控制挖掘机各部件进行操作，可以帮助学员熟练掌握 2 个手柄的 8 个操作动作（图 1.13）；

范例装车，根据系统提示范例，操纵手柄进行训练，掌握装车课题的动作要领（图 1.14）；

90 度挖土甩方，根据范例采用单一动作挖土甩方，学习和掌握挖土甩方的动作要领（图 1.15）；

行走课题，控制行走踏板或操纵杆绕过障碍物进行挖掘机行走训练（图 1.16）；

剖面找平，通过掌握的操作技能控制挖掘机进行剖面找平作业，将画面中的沙整理平整（图 1.17）。

注：在课题操作过程中，可通过按右操纵箱"视角"按钮进行挖掘机驾驶室视角与驾驶室后方 45 度角视角切换，按左操纵箱"退出"按钮返回上一级目录菜单，按左操纵箱"正反手"按钮进行挖掘机反手操作和正手操作的转换，按右操纵箱"速度"按钮进行挖掘机操作速度的切换。

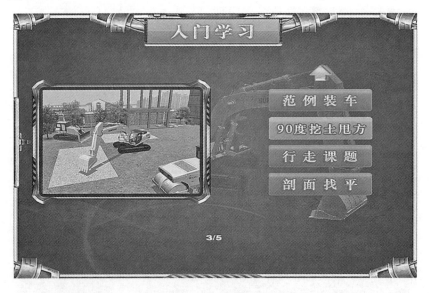

图 1.12 入门学习

图 1.13　空动作

图 1.14　范例装车

图 1.15　90 度挖土甩方

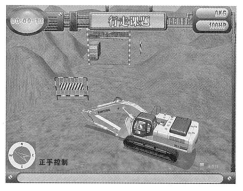

图 1.16　行走课题

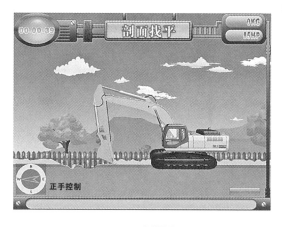

图 1.17　剖面找平

"实践训练"操作，这一子训练模式包含 6 个操作课题：挖日字形沟槽、行走装车、上下坡、挖沟刷坡、平面找平、上下板（图 1.18）。

挖日字形沟槽：进入课题后，操作脚踏开关按指示方向行驶至指定位置，操纵 2 个手柄控制大、小臂及铲斗进行挖沟，在挖沟过程中注意红色区域为不可挖区域，蓝色区域为缓冲区域，黄色区域为可挖区域（图1.19）。

行走装车：操纵2个手柄控制大、小臂及铲斗进行挖土装车，在装车过程中先装小翻斗车然后再装大车，应按照规定顺序进行装车训练（图1.20）。

上下坡：进入课题后操作挖掘机按动作要领进行上下坡训练，根据需要进行视角切换和反正手切换（图1.21）。

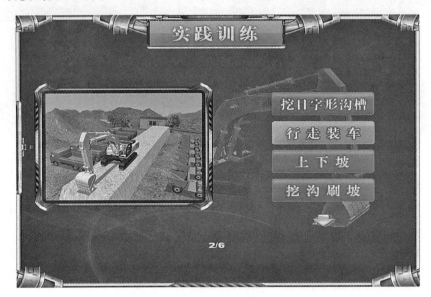

图1.18　实践训练

挖沟刷坡：操纵挖掘机按已经开好的沟头进行挖沟刷坡，操纵2个手柄根据沟的宽度与长度将沟挖出，在挖沟过程中注意红色区域为不可挖区域，蓝色区域为缓冲区域，黄色区域为可挖区域（图1.22）。

平面找平：操纵2个手柄进行挖掘机找平作业训练，应依次进行找平，在挖沟过程中注意红色区域为不可挖区域，蓝色区域为缓冲区域，黄色区域为可挖区域（图1.23）。

上下板：操纵挖掘机行驶到平板车前，按文字提示进行上下板训练，掌握技巧后可选择不带文字提示进行操作训练（图1.24）。

注：在课题操作过程中，可通过按右操纵箱"视角"按钮进行视角切换，按左操纵箱"退出"按钮返回上一级目录菜单，按左操纵箱"反正手"按钮进行挖掘机反手操作和正手操作的转换，按右操纵箱"视角"按钮进行视角切换。

图 1.19　挖日字形沟槽

图 1.20　行走装车

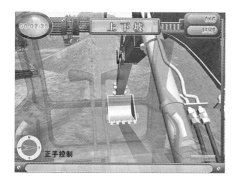
图 1.21　上下坡

图 1.22　挖沟刷坡

图 1.23　平面找平

图 1.24　上下板

　　②"考核模式"，这一模式共包含 7 个操作课题，具体课题内容：进车库、挖土甩方、挖土装车、限时找平、挖沟刷坡、上下板、上下坡（图 1.25 至图 1.31）。必须通过前一课题后才可以进入下一课题进行操作，操作失败后系统给其 2 次重新操作机会继续考核，如 2 次仍然未通过将返回"模式选择"进行重新选择。

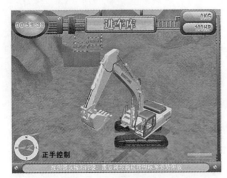

图 1.25　进车库

图 1.26　挖土甩方

图 1.27　挖土装车

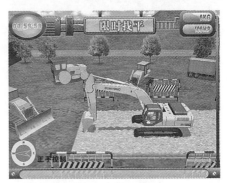

图 1.28　限时找平

图 1.29　挖沟刷坡

图 1.30　上下板

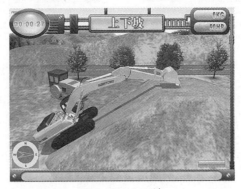

图 1.31　上下坡

③"娱乐模式"，这一训练模式包含 4 个课题：阻击炮火、雷霆探险、行走独木桥、打地鼠（图 1.32）。

操纵左手柄选择阻击炮火课题，操纵右手柄向右确认选择此课题。操作挖掘机将从炮塔中发射出来的炮弹用挖掘机铲斗击炸，对学员掌握 2 个手柄的熟练程度进行考验，如炮弹打到挖掘机上，每撞击一次扣减相应的课题分数，直至结束（图 1.33）。

操纵左手柄选择雷霆探险课题，操纵右手柄向右确认选择此课题。操纵 2 个手柄在狭隘的空间里进行挖掘机大、小臂的运动，同时要避过各种机关和障碍物，否则系统将自动扣减生命值，要求在规定的时间内操纵挖掘机越过障碍物到终点（图 1.34）。

操纵左手柄选择行走独木桥课题，操纵右手柄向右确认选择此课题。驾驶挖掘机通过各种机关，并采用上下板的操作技术通过断桥，要求学员熟练掌握行走作业和上下板操作技能、技巧（图 1.35）。

操纵左手柄选择打地鼠课题，操纵右手柄向右确认选择此课题。打地鼠是对学员熟练掌握挖掘机 2 个手柄的考验和练习，使学员在娱乐中掌握和巩固 2 个手柄操作技能（图 1.36）。

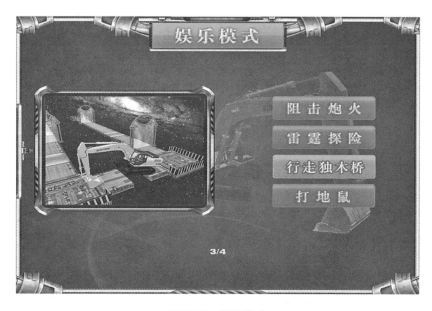

图 1.32　娱乐模式

图1.33 阻击炮火

图1.34 雷霆探险

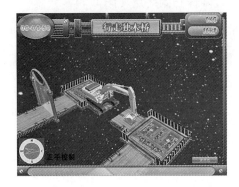
图1.35 行走独木桥

图1.36 打地鼠

4. 操纵左手柄选择"菜单界面"的"退出系统"选项，操纵右手柄向右进行确认，计算机将自动关机（图1.37）。

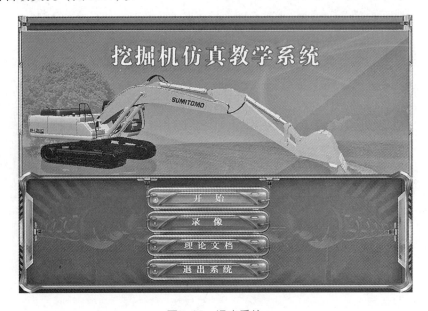
图1.37 退出系统

六、学习笔记（典型工作任务的操作步骤）

_____

_____

_____

_____

_____

_____

_____

_____

_____

_____

七、实训项目评价

评价内容	优秀	良好	中等	及格	不及格
1. 实训准备					
2. 实训表现					
（1）模拟操作表现					
（2）典型工作任务的掌握					
（3）学习笔记					
3. 实训作业					
综　合					

实训项目二 模拟操作推土机

一、实训目标

（一）知识点

1. 了解推土机的用途及分类。

2. 了解推土机的主要结构和工作原理。

3. 熟练掌握推土机的安全操作规程、操作步骤。

4. 重点掌握推土机操作的注意事项。

（二）技能点

1. 熟练、安全、高效率地模拟操作推土机。

2. 在模拟操作仪上熟练完成推土机的典型工作任务。

二、实训项目背景

图 2.1 履带式推土机外观

（一）推土机的用途

如图 2.1 所示是一种多用途的履带式推土机，它能铲挖并移运土壤，还可用来平整场地, 堆集松散材料, 清除作业地段内的障碍物等。在建筑、筑路、采矿、油田、水电、港口、农林及国防等各类工程中, 使用十分广泛。

(二) 推土机的分类

推土机可按发动机功率、行走机构、用途、推土铲安装方式及操纵方式、传动方式等进行分类。表 2.1 列出了常用推土机的分类、特点及适用范围的详细情况。

表 2.1 常用推土机的分类、特点及适用范围

分类方法	类型	特点及适用范围
按发动机功率分	小型	发动机功率小于 44 kW (60 马力)
	中型	发动机功率 59 ~ 103 kW (140 马力)
	大型	发动机功率 118 ~ 235 kW
	特大型	发动机功率大于 235 kW
按行走机构分	履带式	此类推土机与地面接触的行走部件为履带。由于它具有附着牵引力大、接地比压低、爬坡能力强以及能胜任较为险恶的工作环境等优点, 因此, 它是推土机的代表机种
	轮胎式	此类推土机与地面接触的行走部件为轮胎。具有行驶速度高、作业循环时间短、运输转移不损坏路面、机动性好等优点
按用途分	普通型	此类推土机具有通用性, 它广泛地应用于各类土石方工程中, 主机为通用的工业拖拉机
	专用型	此类推土机适用于特定工况, 具有专一性能, 属此类推土机的有: 湿地推土机、水陆两用推土机、水下推土机、爆破推土机、船舱推土机、军用快速推土机等
按铲刀型式分	直铲式	也称固定式。此类推土机的铲刀与底盘的纵向轴线构成直角, 铲刀的切削角是可调的。对于重型推土机, 铲刀还具有绕底盘的纵向轴线旋转一定角度的能力。一般来说, 特大型与小型推土机采用直铲式的居多, 因为它的经济性与坚固性较好
	角铲式	也称回转式。此类推土机的铲刀, 除了能调节切削角度外, 还可在水平方向上回转一定角度 (一般为 ± 25°)。角铲式推土机作业时, 可实现侧向卸土。应用范围较广, 多用于中型推土机

续表

分类方法	类型	特点及适用范围
按传动方式分	机械传动式	此类推土机的传动系，全部由机械零部件所组成。机械传动式推土机具有制造简单、工作可靠、传动效率高等优点，但操作笨重、发动机容易熄火、作业效率较低
	液力机械传动式	此类推土机的传动系，由液力变矩器、动力换挡变速箱等液力与机械相配合的零部件组成。具有操纵灵便、发动机不易熄火、可不停车换挡、作业效率高等优点，但制造成本较高、工地修理较难。它仍是目前产品发展的主要方向
	全液压传动式	此类推土机，除工作装置采用液压操纵外，其行走装置的驱动也采用了液压马达。它具有结构紧凑、操作轻便、可原地转向、机动灵活等优点，但制造成本高、维修较难。由于液压马达等元件制造难度较大，目前国内发展尚受到一定限制

（三）推土机的技术原理

1. 履带式推土机。

履带式推土机是由动力装置、车（机）架、传动系统、转向系统、行走机构、制动系统、液压系统和工作装置所组成。它是在专用底盘或工业履带拖拉机的前、后方加装由液压操纵的推土铲刀和松土器所构成的一种工程机械。

1—推土铲刀；2—液压元件；3—驾驶室；4—松土器。

图 2.2　履带式推土机结构

图 2.2 为履带式推土机结构简图。履带式推土机的动力装置多为柴油发动机；传动系统多用机械传动或液力机械传动，有些机型已开始采用全液压传动；工作装置为液压操纵。

2. 轮胎式推土机。

图 2.3 是轮胎式推土机结构简图。它是在整体车架或铰接车架的专用轮胎式底盘的前方加装由液压操纵的推土工作装置所构成的一种土方工程机械。

轮胎式推土机的动力装置为柴油发动机，传动系统采用液力变矩器、动力换挡变速箱和其他机械传动装置共同构成的液力机械传动，铰接式（车体）机架转向，双桥驱动，宽基低压轮胎，工作装置为由液压操纵的直铲式推土铲刀。

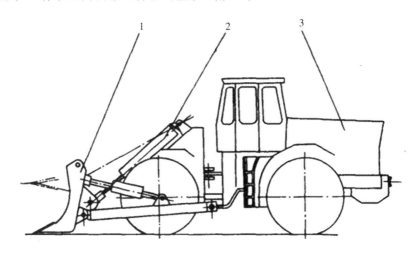

1—推土铲刀；2—液压元件；3—铰接式底盘。

图 2.3　轮胎式推土机结构

三、相关知识准备

推土机工作装置的主要结构包括推土（铲）装置和松土器。

（一）推土（铲）装置

推土（铲）装置由铲刀和推架等两部分组成。推土（铲）装置安装在推土机的前端，是推土机的主要工作装置。

推土机处于运输工况时，推土铲被提升，油缸提起；推土机进入作业工况时则降下推土铲，将铲刀置于地面，向前可以推土，向后可以平地；推土机在较长时间内牵引作业时，可将推土铲拆除。

履带式推土机的铲刀有固定式和回转式两种安装（结构）形式。其中的回转式铲刀可在水平面内回转一定的角度（一般 α 为 $0°\sim25°$），实现斜铲作业。如果将铲刀在（垂直）刀身平面内倾斜一个角度（一般 β 为 $0°\sim9°$），则可实现侧铲作业。因此该推土机被称为全能型推土机，见图2.4。

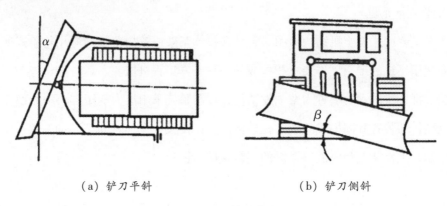

（a）铲刀平斜　　　　　　　　　（b）铲刀侧斜

图2.4　回转式铲刀

现代大、中型履带式推土机多安装固定式推土铲，也可换装回转式推土铲。通常，向前推铲土石方、平整场地或堆积松散物料时采用直铲作业；傍山铲土或单侧弃土应采用斜铲作业；在斜坡上铲削土壤或铲挖边沟则采用侧铲作业。

（二）松土器

大、中型履带式推土机通常配备松土器（见图2.5），它悬挂在推土机的尾部，用于硬土、页岩、黏结砾石的预松作业。

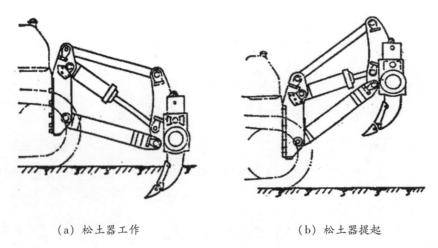

（a）松土器工作　　　　　　　　（b）松土器提起

图2.5　松土器

四、实训项目准备工作

（一）明确岗位安全职责

1. 负责日常例行保养，对推土机进行检查、维修、调整，并做好记录。

2. 负责施工作业中的人员和机械安全。

3. 严格按安全技术交底和操作规程实施作业。

4. 接受过专业安全技术及技能培训，经考核合格并取得建设行政主管部门颁发的操作证后，方可持证上岗。

5. 操作人员必须体检合格，凡患有高血压、心脏病、癫痫病和其他有碍安全操作的疾病与生理缺陷者，不得从事此项操作。

（二）上岗作业准备

1. 接受安全技术交底，清楚其内容，包括：切土深度，边坡及电线高度，各种管道、坑道和障碍物的情况和位置及推土机安全技术操作规程要点。

2. 检查燃料、润滑油是否充足，不足时应予添加。在添加燃油时严禁吸烟及接近明火，以免引起火灾。

3. 检查电路绝缘和各开关触点是否良好。

4. 检查推土（铲）装置和松土器是否异常。

5. 将主离合器操纵杆放在空挡位置上，起动发动机。检查各仪表是否正常，确认无误后，方可开始工作。

（三）推土机的安全操作步骤

1. 操作中，切土时用Ⅰ挡速度（土质松软时也可用Ⅱ挡），以最大的切土深度（100~200 mm）在最短的距离（6~8 m）内推成满刀，开始下刀及随后提刀的操作应平稳。

2. 推土时用Ⅱ挡或Ⅲ挡，为保持满刀土推送，应随时调整推土刀的高低，使其刀刃与地面保持接触。

3. 卸土时按照施工要求，或者分层铺卸，或者堆卸。

4. 往边坡卸土时要特别注意安全，其措施一般是在卸土时筑成向边坡方向的一段缓缓的上坡路，并在边上留一小堆土，如此逐步向前推移。

5. 卸土后在多数情况下是倒退回空的，回空时尽可能用高速挡。

6. 雷雨天气，严禁在架空高压线近旁或下面工作。

五、模拟操作推土机程序

（一）模拟操作仪介绍

1. 模拟操作仪整机硬件说明。

整机部件分为：主机箱、座椅、推土机操纵杆、控制按钮、点火启动钥匙等。如图 2.6 所示。

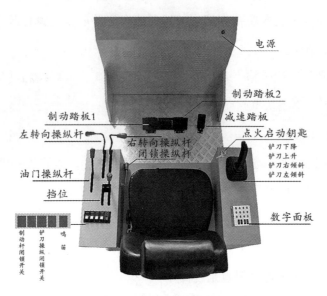

图 2.6　推土机模拟操作仪

2. 模拟操作软件说明。

软件部分的操作主要是通过数字面板进行控制，各个按钮的功能详见数字面板的各个按钮的说明。

数字面板中常用按钮的说明：

①——前视窗口

⑤——后视窗口

②——向上移动

⑧——向下移动

④——向左移动

⑥——向右移动

功能——显示/隐藏小窗口

菜单——是否退出课题提示窗口

F1——帮助

启动——相当于钥匙，启动机器

退出——返回上一层

确定——确定选项

（二）模拟操作程序

1. 具体操作步骤。

第一步：出现启动画面后，按数字面板中的"确定"按钮，进入推土机模拟操作程序主界面（如图2.7）。

图2.7 推土机模拟操作程序主界面

按数字面板中的②——向上移动或⑧——向下移动选择：训练演示、学习视频、理论文档、理论考核、退出系统。

第二步：选择"训练演示"，按数字面板中的"确定"按钮，进入推土机训练演示界面，如图2.8。

图2.8 训练演示选择界面

按数字面板中的②——向上移动或⑧——向下移动选择不同的操作课题。

第三步：选择"驾驶训练"，按数字面板中的"确定"按钮，进入驾驶训练选择界面，如图2.9所示。

图2.9 驾驶训练选择界面

按数字面板中的②——向上移动或⑧——向下移动选择不同的训练课题。

2. 模拟仪内容选择。

（1）进入程序后，点火启动钥匙，画面中"红色钥匙图像"变成"绿色钥匙图像"，表明机器已经启动。

图2.10 基础驾驶　　　　　　　图2.11 复杂条件驾驶

（2）驾驶训练分为：基础驾驶、复杂条件驾驶、泥泞水域环境驾驶、基础作业（如图2.10至图2.13）。

图 2.12 泥泞水域环境驾驶

图 2.13 基础作业

（3）考核模块分为：基础驾驶课题，防坦克壕，路基修复，整平、清除障碍物。

图 2.14 防坦克壕

图 2.15 路基修复

图 2.16 整平、清除障碍物

（4）在操作的过程中如果想退出该课题，按数字面板上的"菜单"按钮，弹出图2.17，然后通过数字面板②——向上移动或⑧——向下移动，来选择"是"或"否"，选中后，再按"确定"按钮，则退出（或保留）课题操作。按数字面板中的"退出"按钮则可以返回上一层。即：从"课题选择"返回到"训练演示模式选择"，再按一次，则返回到"总菜单"。

图 2.17　返回上一级菜单

3. 模拟仪操作说明。

第一步：手拉油门至"0"位，挡位设为空挡，制动杆闭锁开关、铲刀操纵闭锁开关设置为关闭状态。

第二步：旋转点火启动钥匙，启动机器，操纵手柄向前（即提起铲刀）。

第三步：双脚踩住（注：不要放开）制动踏板 1 和制动踏板 2，打开制动杆闭锁开关和铲刀操纵闭锁开关，挂上挡位，推动油门，然后慢慢松开制动踏板 1 和制动踏板 2，则推土机开始慢慢前行。

六、学习笔记（典型工作任务的操作步骤）

_____

_____

_____

_____

_____

_____

_____

_____

_____

_____

七、实训项目评价

评价内容	优秀	良好	中等	及格	不及格
1. 实训准备					
2. 实训表现					
（1）模拟操作表现					
（2）典型工作任务的掌握					
（3）学习笔记					
3. 实训作业					
综　合					

实训项目三　模拟操作装载机、叉车

一、实训目标

(一) 知识点

1. 了解装载机、叉车的用途及分类。

2. 了解装载机的主要结构和工作原理。

3. 熟练掌握装载机、叉车的安全操作步骤。

4. 重点掌握装载机、叉车操作的注意事项。

(二) 技能点

1. 熟练地模拟操作装载机、叉车。

2. 在模拟操作仪上熟练完成装载机、叉车的典型工作任务。

二、实训项目背景

(一) 装载机、叉车的用途

装载机是一种广泛用于公路、铁路、建筑、水电、港口、矿山等建设工程的土石方施工机械,有轮胎式装载机 (如图3.1) 和履带式装载机 (如图3.2)。它不仅可以进行土方工程作业,而且更换工作装置后可以用作起重机或叉车等机械,是一种适应性较强的一机多用的工程机械 (如图3.3所示)。

叉车是广泛应用于车站、港口、机场、工厂、仓库的机械化装卸和短距离运输的高效设备 (如图3.4所示)。

图 3.1 轮胎式装载机

图 3.2 履带式装载机

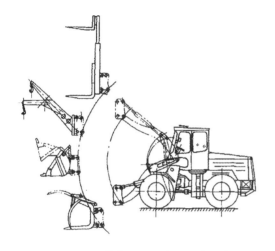
图 3.3 装载机可更换不同的工作装置

图 3.4 叉车

（二）装载机、叉车的分类

1. 装载机的分类及其特点、适用范围见表 3.1。

表 3.1 装载机分类、特点及适用范围

分类方式	分类	特点及适用范围
发动机功率	小型	功率小于 74 kW
	中型	功率 74 ~ 147 kW
	大型	功率 147 ~ 515 kW
	特大型	功率大于 515 kW

续表

分类方式	分类	特点及适用范围
传动形式	机械传动	结构简单、制造容易、成本低、使用维修较容易，传动系冲击振动大，功率利用差，仅小型装载机采用
	液力机械传动	传动系冲击振动小、传动件寿命长，车速随外载自动调节，操作方便，可减少司机疲劳。大中型装载机多采用
	液压传动	无级调速、操作简单，启动性差、液压元件寿命较短。仅在小型装载机上采用
	电传动	无级调速、工作可靠、维修简单，设备质量大、费用高。在大型装载机上采用
行走系结构	轮胎式装载机 （1）铰接式 （2）整体式车架装载机	质量小、速度快、机动灵活、效率高、不易损坏路面、应用范围广泛、转弯半径小、纵向稳定性好，接地比压大、通过性差、稳定性差、对场地和物料块度有一定要求。不但适用于路面，而且可用于井下物料的装载运输作业 车架是一个整体，转向方式有后轮转向、全轮转向、前轮转向及差速转向。仅小型全液压驱动和大型电动装载机采用
	履带式装载机	接地比压小、通过性好、重心低、稳定性好、附着性能好、牵引力大、比切入力大，速度差、灵活机动性差、制造成本高、行走时易损坏路面、转移场地需拖运。适用在工程量大、作业点集中、路面条件差的场合
装载方式	前卸式	前端铲装卸载，结构简单、工作可靠、视野好。适用于各种作业场地，应用广
	回转式	工作装置安装在可回转90°～360°的转台上，侧面卸载不需要调车，作业效率高，结构复杂、质量大、成本高、侧稳性差。适用于狭小的场地作业
	后卸式	前端装料，后端卸料，作业效率高，作业安全性差，应用不广

2. 叉车的分类。

叉车通常可以分为三大类：内燃叉车、电动叉车和仓储叉车。其中内燃叉车又分为普通内燃叉车、重型叉车、集装箱叉车和侧面叉车。

（三）装载机、叉车的技术原理

1. 装载机的技术原理。

装载机由铲斗、动臂、连杆、摇臂和转斗油缸、动臂油缸等组成，整个工作装置铰接在车架上（如图3.5所示）。铲斗通过连杆和摇臂与转斗油缸铰接，用以装卸物料；动臂与车架、动臂油缸铰接，用以升降铲斗；铲斗的翻转和动臂的升降采用液压操纵。图3.6为装载机工作装置实物图。

装载机在作业时：当转斗油缸闭锁、动臂油缸举升或降落时，连杆机构使铲斗上下平动或接近平动，以免铲斗倾斜而撒落物料；当动臂处于任何位置、铲斗绕动臂铰点转动进行卸料时，铲斗倾斜角不小于45°，卸料后动臂下降时又能使铲斗自动放平。

装载机的基本作业循环由铲装、移运、卸载、回程等4个过程组成：

铲装过程：装载机驶近料堆，距1~1.5 m处时放下铲斗，并以3°~7°的切削角插入料堆少许，在加大发动机油门的同时，逐渐后倾铲斗，并提升铲斗将物料铲入斗内。

移运过程：装载机倒挡行驶离开料堆，驶向卸料地点，在此过程中保持铲斗离地面30~40 cm的高度。

卸载过程：将铲斗举升至卸载高度，转动铲斗将其内的物料倾卸。

回程过程：装载机倒挡行驶离开卸料地点，同时逐渐放下铲斗，准备进行下一工作循环。

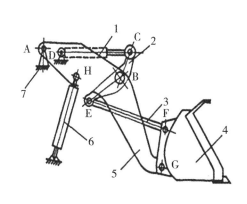

1—转斗油缸；2—摇臂；3—连杆；4—铲斗；

5—动臂；6—动臂油缸；7—车架。

图3.5　装载机工作装置

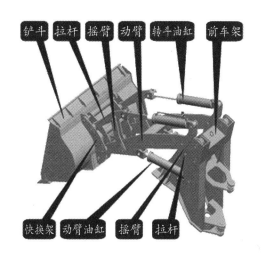

图3.6　装载机工作装置实物图

2. 叉车的技术原理。

叉车一般为平衡式叉车，它的载荷中心距大多以500 mm或600 mm为主。叉车的吨位是指装卸、搬运货物的最大负荷值，应根据液压系统的压力及稳定性等来设计。叉车的稳定性就是靠杠杆原理的运用，在临界状态时，如果有微小的外力作用，叉车就会前翻。

三、相关知识准备

装载机、叉车的主要结构由动力装置、车架、行走装置、传动系统、转向系统、制动系统、液压系统和工作装置等组成。轮胎式装载机主要结构如图3.7所示，履带式装载机主要结构如图3.8所示，叉车结构如图3.9所示。

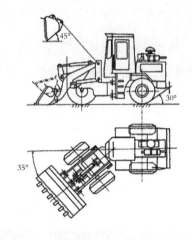

图3.7 轮胎式装载机主要结构

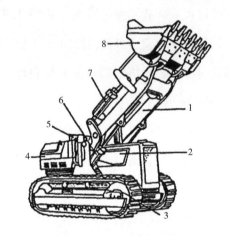

1—动臂；2—发动机；3—行走机构；4—油箱；

5—驾驶室；6—动臂油缸；7—铲斗油缸；8—铲斗。

图3.8 履带式装载机主要结构

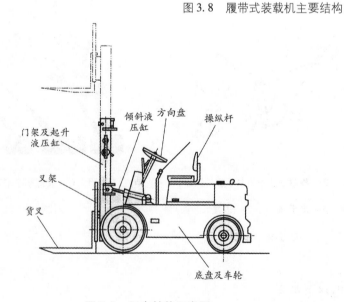

图3.9 叉车结构示意图

四、实训项目准备工作

（一）操作前的准备工作

1. 明确岗位安全职责。

（1）负责日常例行保养，进行检查、维修、调整、紧固，并做好记录。

（2）负责施工作业中的人员和机械安全。

2. 岗位任职条件。

（1）接受过专业安全技术及技能培训，经考核合格并取得建设行政主管部门颁发的操作证后，方可持证上岗。

（2）操作人员必须体检合格，凡患有高血压、心脏病、癫痫病和其他有碍安全操作的疾病与生理缺陷者，不得从事此项操作。

3. 上岗作业准备。

（1）检查燃料是否充足。

（2）检查电源线路和各开关接触是否良好。

（3）检查液压系统各管路及操作阀、工作油缸、油泵等是否有泄漏，动作是否异常。

（4）检查各连接件有无松动，气压是否符合要求。

（二）装载机、叉车的安全操作事项

1. 起步前，应先鸣声示意，在行驶过程中应测试制动器的可靠性，并避开路障或高压线等。除规定的操作人员外，不得有其他人员搭乘。

2. 高速行驶时，应采用前两轮驱动；低速铲装时，应采用四轮驱动。行驶中应避免急转弯或紧急制动。

3. 装料时，应根据物料的密度确定装载量。铲斗应从正面铲料，不得令铲斗单边受力；卸料时，举臂翻转铲斗，应低速缓慢运动。

4. 在松散不平的场地作业时，应把铲臂放在浮动位置，使铲斗平稳地推进，当推进中阻力过大时，可稍稍提升铲臂。铲臂向上或向下运动到最大限度时，应迅速将操纵杆回到空挡位置。

5. 操纵手柄换向时，不应过急过猛；满载操作时，铲臂不得快速下降。

6. 不得将铲斗提升到最高位置运输物料，运载物料时宜保持铲臂下铰点距离地面 500 mm，并保持平稳行驶。

7. 铲装或挖掘时，应避免铲斗偏载，不得在收斗或半收斗而未举臂时前进。铲斗装满后应举臂到距地面约 500 mm 时再后退转向卸料。

8. 当铲装阻力较大出现轮胎打滑时，应立即停止铲装，排除过载后再铲装。

9. 在向自卸汽车装料时，宜降低铲斗及减小卸落高度，不得偏载、超载和砸坏车厢。

10. 在机械运行中，严禁接触转动部位和进行检修。在修理工作装置时，应使其降到最低位置，并应在悬空部分垫上方木。装载机转向架未锁闭时，严禁站在前后车架之间进行检修保养。

11. 在边坡、壕沟、凹坑卸料时，轮胎离边缘距离应大于 1.5 m，铲斗不宜过于伸出。在大于 30° 的坡面上不得前倾卸料。

12. 作业时内燃机水温不得超过 90 ℃，油温不得超过 110 ℃。当超过上述规定时，应停机降温。

13. 当遇到填挖区土体不稳定，有坍塌可能时；气候突变，发生暴雨、雷电、水位暴涨及山洪暴发时，必须停止作业。

14. 操作人员离开驾驶室时，必须关闭发动机。

15. 停车时，应使内燃机转速逐步降低，不得突然熄火，以防止液压油因惯性冲击而溢出油箱。

五、模拟操作装载机、叉车程序

（一）模拟操作仪介绍

1. 模拟操作仪整机硬件说明。

整机部件分为：主机箱、座椅、装载机操纵杆、叉车操纵杆、刹车、油门、离合器、方向盘及控制按钮、启动钥匙。参考图 3.10。

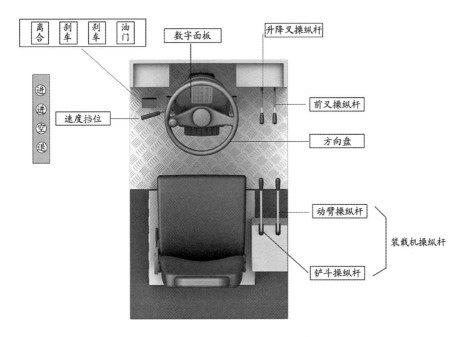

图 3.10　装载机、叉车模拟操作仪

2. 模拟操作软件说明。

本设备是装载机和叉车的一体机,分为:硬件设备的介绍、装载机部分操作说明、叉车部分操作说明、装载叉车校验程序说明。

软件部分的操作主要是通过数字面板进行控制,各个按钮的功能详见数字面板的各个按钮的说明。

数字面板中常用按钮的说明:

① ——前视窗口

⑤ ——后视窗口

② ——向上移动

⑧ ——向下移动

④ ——向左移动

⑥ ——向右移动

功能——显示/隐藏小窗口

菜单——是否退出课题提示窗口

F1——帮助

启动——相当于钥匙,启动机器

退出——返回上一层

确定——确定选项

（二）模拟操作程序

1. 装载机模拟操作程序。

图 3.11　装载机模拟仪子项目

具体操作步骤如下：

第一步：出现启动画面，按数字面板中的"确定"按钮，进入装载机、叉车仿真教学系统主界面，如图 3.12 所示。

图 3.12　装载机、叉车仿真教学系统主界面

注：按数字面板中的②——向上移动或⑧——向下移动可选择装载机、叉车、录像、理论文档、退出系统。

第二步：如图 3.13 所示为装载机"品牌选择"界面，按数字面板中的②——向上移动或⑧——向下移动选择不同的品牌。

图 3.13　装载机品牌选择

　　第三步：选择品牌后，按数字面板中的"确定"按钮，进入装载机"课题选择"界面，如图 3.14 按数字面板中的②——向上移动或⑧——向下移动选择不同的操作课题。

图 3.14　装载机课题选择

　　第四步：进入程序后，旋动钥匙（钥匙向右旋动一下，为点火，再接着向右旋转，则机器启动，旋转后自动复位），画面中"红色钥匙图像"变成"绿色钥匙图像"。

图 3.15　训练课题

图 3.16　行走课题

图 3.17　装车课题

图 3.18　平整课题

图 3.19　打垛作业

图 3.20　移料课题

装载机的训练分为：训练课题、行走课题、装车课题、平整课题、打垛作业、移料课题（如图 3.15 至图 3.20）。

第五步：在操作的过程中，如果想退出该课题，按数字面板上的"菜单"按钮，弹出图 3.21 所示界面，然后通过数字面板④——向左移动或⑥——向右移动，来选择"是"

或"否"，选中后，再按"确定"按钮，则退出（或保留）课题操作。

图 3.21　退出课题

注：按数字面板中的"退出"按钮则可以返回上一层菜单。即：由"课题选择"返回到"品牌选择"，再按一次，则返回到"总菜单"。

其他课题的操作与上面的操作过程相同。

●装载机录像内容

在主界面，用数字面板选择"录像"，再选择"装载机"，学习其录像内容（如图3.22、图3.23）。

图 3.22　录像内容机器选择

图 3.23　装载机录像内容

●装载机理论课题

在主界面，用数字面板选择"理论文档"，再选择"装载机"（图3.24），学习其理论内容，有双涡轮变矩器、典型液压系统和装载机液压系统故障诊断可选（图 3.25 至图 3.27）。

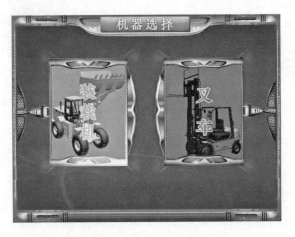

图 3.24　理论文档机器选择界面

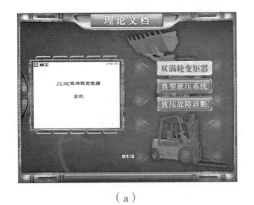

（a）　　　　　　　　　　　　　（b）

图 3.25　双涡轮变矩器

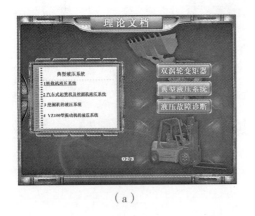
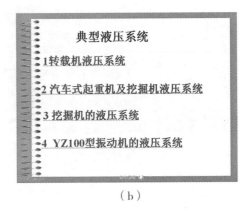

（a）　　　　　　　　　　　　　（b）

图 3.26　典型液压系统

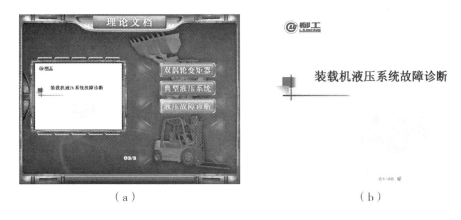

（a）　　　　　　　　　　（b）

图 3.27　装载机液压系统故障诊断

2. 叉车模拟操作程序。

图 3.28　叉车模拟仪子项目

操作步骤如下：

第一步：在主界面，选"叉车"，进入叉车模拟操作程序，如图 3.29。

图 3.29　装载机、叉车仿真教学系统主界面

注：按数字面板中的②——向上移动或⑧——向下移动可选择装载机、叉车、录像、理论文档、退出系统。

第二步：叉车品牌选择界面，如图3.30，按数字面板中的②——向上移动或⑧——向下移动选择不同的品牌。

图 3.30　叉车品牌选择

第三步：选择品牌后，按数字面板中的"确定"按钮，进入叉车课题选择界面，如图3.31，按数字面板中的②——向上移动或⑧——向下移动选择不同的操作课题。

图 3.31　叉车课题选择

进入程序后，旋转钥匙，画面中"红色钥匙图像"变成"绿色钥匙图像"，表明机器已经启动。

图 3.32　行走课题

图 3.33　牵引车驾驶

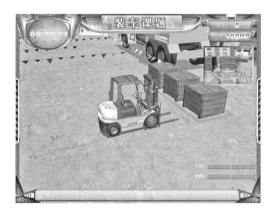

图 3.34　装车课题

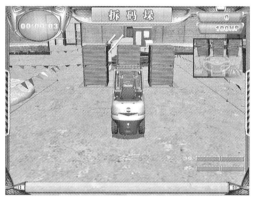

图 3.35　拆码垛

图 3.36　综合考核

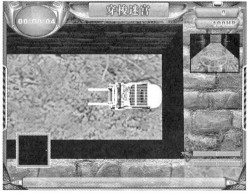

图 3.37　穿梭迷宫

在操作的过程中如果想退出该课题，按数字面板上的"菜单"按钮，弹出图3.38所示内容，按数字面板④——向左移动或⑥——向右移动，来选择"是"或"否"，选中后，再按"确定"按钮则退出（或保留）操作课题操作。

图3.38　退出课题

按数字面板中的"退出"按钮则可以返回上一层。即：从"课题选择"返回到"品牌选择"，再按一次，返回到"总菜单"。

●叉车录像内容

返回装载机、叉车仿真教学系统主界面，用数字面板相应按钮选择"录像"，再选择"叉车"，学习其录像内容，如图3.39、图3.40。

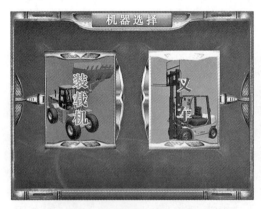

图3.39　录像内容机器选择

图3.40　叉车录像内容

●叉车理论文档

返回装载机、叉车仿真教学系统主界面，用数字面板相应按钮选择"理论文档"，再选择"叉车"，学习其理论内容，如图3.41。

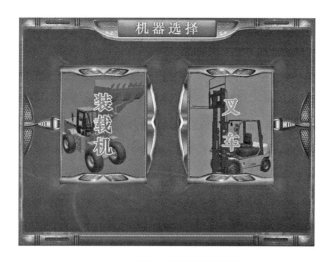

图 3.41 理论文档界面机器选择

叉车理论文档,包括叉车安全作业知识、叉车的种类、叉车安全操作、装卸搬运设备与技术 4 项内容,如图 3.42 至图 3.45。

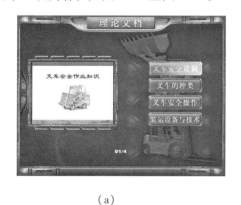

（a）

（b）

图 3.42 叉车安全作业知识

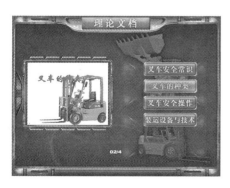

（a）

（b）

图 3.43 叉车的种类

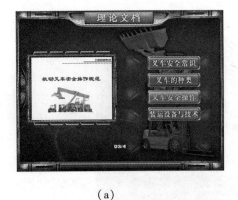

（a） （b）

图 3.44　叉车安全操作

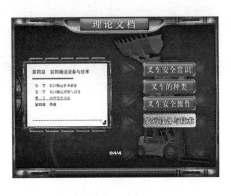

第四章　装卸搬运设备与技术

第一节　装卸搬运作业概述
第二节　装卸搬运设施与设备
第三节　典型设备介绍
第四章　作业

（a） （b）

图 3.45　装卸搬运设备与技术

六、学习笔记（典型工作任务的操作步骤）

_____
_____
_____
_____
_____
_____
_____
_____
_____
_____

七、实训项目评价

评价内容	优秀	良好	中等	及格	不及格
1. 实训准备					
2. 实训表现					
（1）模拟操作表现					
（2）典型工作任务的掌握					
（3）学习笔记					
3. 实训作业					
综　合					

实训项目四　模拟操作平地机

一、实训目标

（一）知识点

1. 了解平地机的用途及分类。

2. 了解平地机的主要结构和工作过程。

3. 重点掌握平地机的操作步骤。

4. 重点掌握平地机操作的注意事项。

（二）技能点

1. 熟练、安全、高效率地模拟操作平地机。

2. 在模拟操作仪上熟练完成平地机的典型工作任务。

二、实训项目背景

（一）平地机的用途

平地机（见图 4.1）是用铲刀（刮土板）对土壤进行刮削、平整和摊铺的土方作业机械。其主要用途是：修整路基的横断面和边坡；开挖三角形或梯形断面的边沟；从两侧取土填筑不高于 1m 的路堤；在路基上拌和路面材料并将其铺平、修整；进行养

图 4.1　平地机

护土路、清除杂草和扫雪等作业。它具有高效能、高精度的平面刮削、平整作业能力，是土方工程机械化施工中一种重要的工程机械。

（二）平地机的分类

自行式平地机的分类方法很多：按操纵方式的不同，可分为机械操纵式和液压操纵式2种；按车轮数目的不同，可分为四轮式和六轮式2种；按车轮驱动情况的不同，可分为后轮驱动式和全轮驱动式2种；按车轮转向情况的不同，可分为前轮转向式和全轮转向式2种；按发动机功率和刮刀长度的不同，可分为轻型、中型和重型3种，如表4.1所示。

表4.1　轻型、中型、重型平地机刮刀长度和发动机功率

平地机类型	刮刀长度/m	发动机功率/kW
轻型	2.5～3.0	26～30
中型	3.0～3.6	37～45
重型	3.6～4.3	52～81

（三）平地机的技术原理

平地机是一种连续作业的土方工程机械，它在作业时，铲土、运土和卸土3道施工程序是连续进行的。下面以修整路型为例来介绍平地机的作业过程。作业前，应根据土质的不同调整好刮刀的铲土角和平面角，然后从路堤的一侧慢速前驶，同时将刮刀倾斜，使其前置端切入土中。这时被切下的土壤沿刮刀侧卸于路基，如图4.2（a）所示。当前驶至路段终了时，掉头从另一侧照上述方法施工回来，这是铲土过程。按原来的环形路线将已铲挖的土堆逐次移向路中心，这是移土过程，如图4.2（b）所示。最后刮平移土并修整路拱，这是整平过程，如图4.2（c）所示。

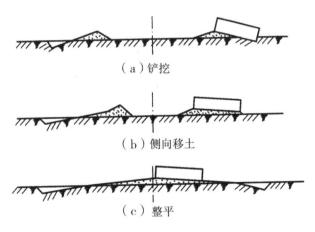

（a）铲挖

（b）侧向移土

（c）整平

图4.2　平地机修整路型施工工序示意图

三、相关知识准备

（一）平地机的主要结构

平地机主要由发动机、传动系、制动系、转向系、行走系、车架、工作装置、操纵系统及电气系统等组成，其基本结构如图 4.3 所示。

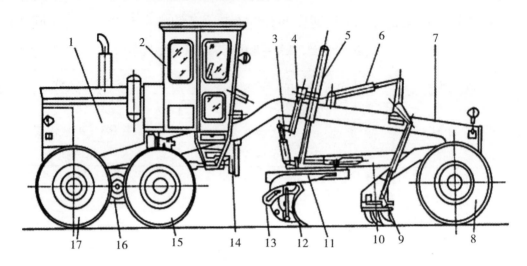

1—发动机；2—驾驶室；3—牵引架引出油缸；4—摆架机构；5—升降油缸；

6—松土器收放油缸；7—车架；8—前轮；9—松土器；10—牵引架；11—回转圈；12—刮刀；

13—角位器；14—传动系；15—中轮；16—平衡箱；17—后轮。

图 4.3　平地机的主要结构

（二）工作装置

平地机刮刀工作装置的结构如图 4.4 所示，主要由刮刀、回转圈、回转驱动装置、牵引架、角位器及几个液压缸等组成。牵引架的前端与机架铰接，可在任意方向转动和摆动；回转圈支承在牵引架上，在回转驱动装置的驱动下绕牵引架转动，并带动刮刀回转；刮刀背面的两条滑轨支承在两侧角位器的滑槽上，可以在刮刀侧移油缸的推动下侧向滑动；角位器与回转圈耳板下端铰接，上端用螺母固定，松开螺母时角位器可以摆动，并带动刮刀改变切削角（铲土角）。

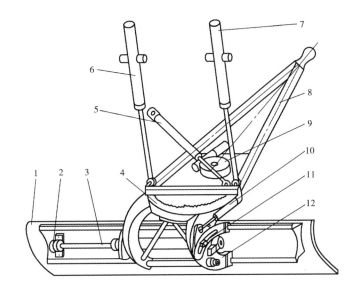

1—刮刀；2—油缸头铰接支座；3—刮刀侧移油缸；4—回转圈；5—牵引架引出油缸；

6—右升降油缸；7—左升降油缸；8—牵引架；9—回转驱动装置；

10—切削角调节油缸；11—紧固螺母；12—角位器。

图4.4 刮刀工作装置

四、实训项目准备工作

（一）操作前的准备工作

1. 作业人员在操作前，应了解平地机的主要性能和操作要领。

2. 作业人员须持有公安部门核发的与准驾车辆相同类型的机动车驾驶证，并做到自觉遵守道路交通规则。

3. 在公路上行驶时，刮刀和松土器应提起，刮刀不得伸出左侧，速度不得超过10千米/时。

4. 夜间不宜作业。

5. 为保证液压系统可靠、高效地工作，液压油必须满足以下几点要求：

（1）适当的黏度。黏度过大时油液流动阻力大，能量损失大，系统效率降低，在主泵吸油端易出现"空穴"现象；黏度过小时则不能保证液压元件良好的润滑条件，从而加剧元件的磨损并增加泄漏，液压系统效率也会降低。

（2）良好的黏温特性。黏温特性是指油液黏度升降随温度而变化的程度，通常用黏度指数表示，一般黏度指数不得低于90。

（3）良好的抗磨性及润滑性。为了降低机械摩擦程度，保证在不同的压力、速度和温度等条件下都有足够的油膜强度。

（4）较高的化学反应稳定性能，不易氧化和变质。抗氧化安定性好的液压油长时间使用不易发生氧化变质，可以保证液压油的正常循环。

（5）质量应纯净，应尽量减少机械杂质、水分和灰尘等的含量。

（6）对密封件的影响要小。

（7）抗乳化性要好，不易引起泡沫。抗乳化性是指，油液中混入了水并经搅动后不形成乳化液，水从其中分离出来的能力。混入水或空气后降低了液压油的容积模数，易产生冲击和振动。

（8）防锈性能好。

（9）燃点、闪点应满足环境温度。

6. 液压油污染的危害。

（1）污染物使节流阀和压力阻力孔时堵时通，甚至将阀芯卡住。

（2）加速液压泵及马达、阀组的磨损，引起内泄漏量的增加。

（3）混入液压油中的水分腐蚀金属，并加速液压油老化变质。

（4）混入液压油中的空气会影响液压系统的工作性能。

7. 液压油的维护。

（1）液压油必须经过严格的过滤，向液压油箱中注油时，应通过 120 目以上的滤油器。

（2）定期检查油液的清洁度，并根据工作情况定期更换，更换时应尽可能地把液压系统内存的 40 L 左右的油液排出。

（3）液压元件不要轻易拆卸，如必须拆卸时，应将零件用煤油或柴油清洗后放在干净的地方，避免重新装配时杂质的混入。

（二）平地机的安全操作事项

1. 刮刀的回转和铲土角的调整以及向机外侧斜都必须在停机时进行，作业中刮刀升降差不得过大。

2. 遇到坚硬土质需要齿耙翻松时，应缓慢下齿，且不宜使用齿耙翻松坚硬的旧路面。

3. 在坡道上停放时，应使车头朝向下坡方向，并将刀片轻轻压入土中。

4. 下坡行驶时，严禁柴油机熄火和挂空挡行驶。

5. 工作时，除驾驶室外其他地方不得乘坐人员。

五、模拟操作平地机程序

（一）模拟操作仪介绍

整机部件分为主机箱、座椅、平地机操纵杆、控制按钮、启动钥匙等（如图 4.5 所示）。

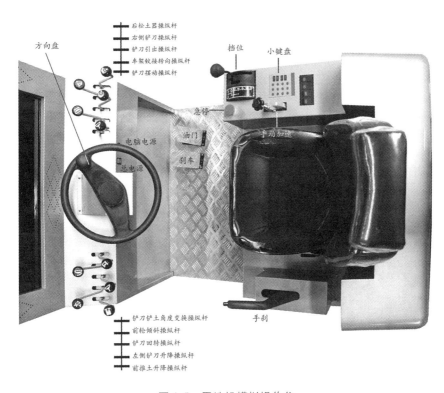

图 4.5　平地机模拟操作仪

操作主要是通过数字面板进行控制，各个按钮的功能详见数字面板的各个按钮的说明。

数字面板中常用按钮的说明：

①——前视窗口

②——向上移动

⑧——向下移动

④——向左移动

⑥——向右移动

⑤——后视窗口

功能——显示/隐藏小窗口

菜单——是否退出课题提示窗口

F1——帮助

启动——相当于钥匙，启动机器

退出——返回上一层

确定——确定选项

（二）模拟操作程序

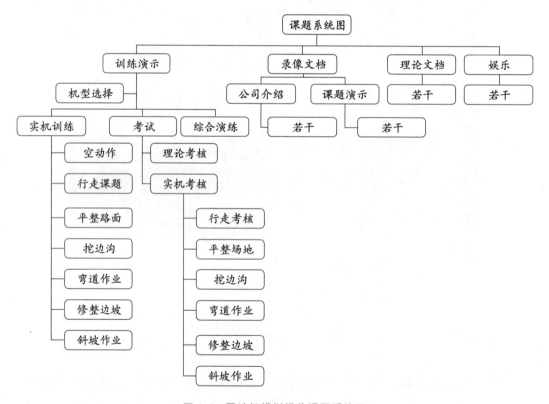

图4.6　平地机模拟操作课题系统图

第一步：出现启动画面，按数字面板中的"确定"按钮，进入平地机仿真教学系统主界面（如图4.7）。

图4.7 平地机仿真教学系统主界面

图4.8 平地机品牌选择界面

按数字面板中的②——向上移动或⑧——向下移动选择：开始训练、视频录像、理论文档、退出系统。

第二步：选择"开始训练"，按数字面板中的"确定"按钮，进入品牌选择界面，如图4.8所示，确定品牌后，在图4.9所示训练模式选择界面，按数字面板中的④——向左移动或⑥——向右移动选择不同的模式。

图 4.9　训练模式选择界面

第三步：选定"训练模式"，按数字面板中的"确定"按钮，进入平地机课题选择界面，如图 4.10，按数字面板中的②——向上移动或⑧——向下移动选择不同的操作课题。

图 4.10　训练课题选择

图 4.11　开始训练

进入程序后，点火启动钥匙，画面中"红色钥匙图像"变成"绿色钥匙图像"，表明机器已经启动。

训练模式包括空动作、行走课题、平整路面、挖边沟等课题（图4.12至图4.18）。

图 4.12　空动作

图 4.13　行走课题

图 4.14　平整路面

图 4.15　挖边沟

图 4.16　弯道作业

图 4.17　斜坡作业

图 4.18　修整边坡

按数字面板中的"退出"按钮则可以返回上一层菜单。即:从"课题选择"返回到"训练模式选择",再按两次,则返回到"总菜单"(图4.19)。

图 4.19 退出课题

视频录像,仿真教学系统的录像功能,包括设备的主要部件、操纵机构及开关仪表的使用和其他相关视频文件。学习人员可选择相应的视频文件进行学习(图4.20)。

图 4.20 视频录像

理论文档,仿真教学系统中的理论文档功能,包含工程机械概论等文字资料,涉及工程机械的概述、结构、参数等方面的内容。学习人员可选择相应模块进行理论的学习(图4.21)。

图 4.21 理论文档

学习完毕可退出系统，选定"退出系统"后会自动关机（图4.22）。

图4.22　退出系统

六、学习笔记（典型工作任务的操作步骤）

七、实训项目评价

评价内容	优秀	良好	中等	及格	不及格
1. 实训准备					
2. 实训表现					
（1）模拟操作表现					
（2）典型工作任务的掌握					
（3）学习笔记					
3. 实训作业					
综　合					

实训项目五　模拟操作压路机

一、实训目标

（一）知识点

1. 了解压路机的用途及分类。

2. 了解压路机的主要结构和工作过程。

3. 重点掌握压路机的操作步骤。

4. 重点掌握压路机操作的注意事项。

（二）技能点

1. 熟练、安全、高效率地模拟操作压路机。

2. 在模拟操作仪上熟练完成压路机的典型工作任务。

二、实训项目背景

（一）压路机的用途

压路机广泛用于高等级公路、铁路、机场跑道、大坝、体育场等大型工程项目的填方压实作业，可以碾压沙性、半黏性及黏性土壤，路基稳定土及沥青混凝土路面层。

图 5.1　轮胎式压路机

图 5.2　钢轮式压路机

（二）分类

压路机分轮胎式压路机（如图 5.1 所示）和钢轮式压路机（如图 5.2 所示）两类。

（三）压路机的技术原理

压路机利用机械自重、振动的方法，对被压实材料重复加载，克服材料之间的黏聚力和内摩擦力，排除其内部的气体和水分，迫使材料颗粒之间产生位移，相互楔紧，增加密实度，使之达到一定的密实度和平整度。

三、相关知识准备

压路机（以轮胎式压路机为例）主要结构由发动机、传动系、行走系和操纵系等组成，其主要结构如图 5.3 所示。

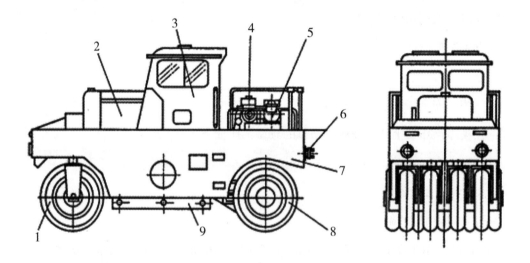

1—转向轮；2—发动机；3—驾驶室；4—水泵用汽油机；5—水泵；

6—拖挂装置；7—机架；8—驱动轮；9—配重。

图 5.3　轮胎式压路机主要结构

四、实训项目准备工作

（一）操作前的准备工作

1. 作业时，压路机应先起步后才能起振，内燃机应先提至中速，然后再调成高速。

2. 变速与换向时应先停机，变速时应降低内燃机转速。

3. 严禁压路机在坚实的地面上进行振动。

4. 碾压松软路基时，应先在不振动的情况下碾压 1~2 遍，然后再振动碾压。

5. 碾压时，振动频率应保持一致。对可调整振频的振动压路机，应先调好振动频率后再作业，不得在没有起振的情况下调整振动频率。

6. 换向离合器、起振离合器和制动器的调整，应在主离合器脱开后进行。

7. 上、下坡时，不能使用快速挡。在急转弯时，包括铰接式振动压路机在小转弯绕圈碾压时，严禁使用快速挡。

8. 压路机在高速行驶时不得接合振动。

9. 停机时应先停振，然后将换向机构置于中间位置，变速器置于空挡，最后拉起手制动操纵杆，内燃机怠速运转数分钟后熄火。

（二）其他要求规定

1. 无论是上坡还是下坡，沥青混合料底下一层必须清洁干燥，而且一定要喷洒沥青结合层，以避免混合料在碾压时滑移。

2. 无论是上坡碾压还是下坡碾压，压路机的驱动轮均应在后面。这样做有以下优点：上坡时，后面的驱动轮可以承受坡道及机器自身所提供的驱动力，同时前轮对路面进行初步压实，以承受驱动轮所产生的较大的剪切力；下坡时，压路机自重所产生的冲击力是靠驱动轮的制动来抵消的，只有经前轮碾压后的混合料才有支承后驱动轮产生剪切力的能力。

3. 上坡碾压时，压路机起步、停止和加速都要平稳，避免速度过快或过慢。

4. 上坡碾压前，应使混合料冷却到规定的低限温度，而后进行静力预压，待混合料温度降到下限（120 ℃）时，才采用振动压实。

5. 下坡碾压应避免突然变速和制动。

6. 在坡度很陡的情况下进行下坡碾压时，应先使用轻型压路机进行预压，而后再用重型压路机或振动压路机进行压实。

五、模拟操作压路机程序

（一）模拟操作仪介绍

整机部件分为主机箱、座椅、压路机操纵杆、控制按钮、启动钥匙等（见图5.4）。

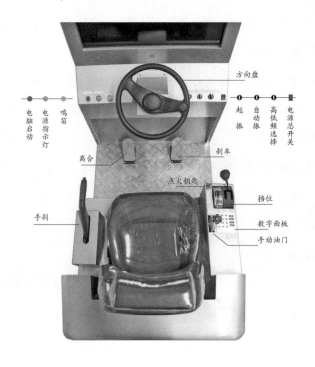

图 5.4　压路机模拟操作仪

数字面板中常用按钮的说明：

①——前视窗口

⑤——后视窗口

②——向上移动

⑧——向下移动

④——向左移动

⑥——向右移动

功能——显示/隐藏小窗口

菜单——是否退出课题提示窗口

F1——帮助

启动——相当于钥匙，启动机器

退出——返回上一层

确定——确定选项

操作主要是通过数字面板进行控制，各个按钮的功能详见数字面板的各个功能的

说明。

（二）模拟操作程序

第一步：出现启动画面，按数字面板中的"确定"按钮，进入压路机模拟操作系统主界面，如图5.5。按数字面板中的②——向上移动或⑧——向下移动选择：实机训练、实操考核。

图5.5　压路机模拟操作系统主界面

第二步：选择"实操考核"，按数字面板中的"确定"按钮，进入压路机实操考核选择界面，如图5.6。

按数字面板中的②——向上移动或⑧——向下移动选择不同的操作课题。

图5.6　实操考核界面

第三步：选择"实机训练"，按数字面板中的"确定"按钮，进入压路机实机训练选择界面，如图5.7。

按数字面板中的②——向上移动或⑧——向下移动选择不同的操作课题。

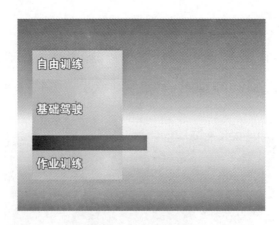

图 5.7　实机训练界面

进入程序后，点火启动钥匙，画面中"红色钥匙图像"变成"绿色钥匙图像"，表明机器已经启动。

驾驶训练分为：基础驾驶、自由训练，如图 5.8、图 5.9。

驾驶考核分为：驾驶考核、综合作业考核，如图 5.10、图 5.11。

图 5.8　基础驾驶

图 5.9　自由训练

图 5.10　驾驶考核

图 5.11　综合作业考核

●启动机器

将高低频开关按钮设置为空挡，起振开关和自动振开关为关闭状态，挡位设为空挡，油门加速为0。用"点火钥匙"点火启动。开车前按"鸣笛"按钮鸣笛警示。"手刹"抬起再放下。踩住"离合"并挂"1挡"，然后慢慢松开"离合"，加"油门"，这时机器开始慢慢前进。

如想换挡，则再踩住"离合"并换挡，然后慢慢松开"离合"。

在操作的过程中如果想退出该课题，按数字面板上的"菜单"按钮，通过数字面板②——向上移动或⑧——向下移动，来选择"是"或"否"，选中后，再按"确定"按钮，则退出（或保留）课题操作。

按数字面板中的"退出"按钮则可以返回上一层。即：从"课题选择"返回到"模式选择"，再按一次，则返回到"总菜单"。

其他课题的操作与上面的操作过程相同。

六、学习笔记（典型工作任务的操作步骤）

_____

_____

_____

_____

_____

_____

_____

_____

_____

_____

_____

_____

_____

_____

_____

_____

七、实训项目评价

评价内容	优秀	良好	中等	及格	不及格
1. 实训准备					
2. 实训表现					
（1）模拟操作表现					
（2）典型工作任务的掌握					
（3）学习笔记					
3. 实训作业					
综　合					

实训项目六　模拟操作摊铺机

一、实训目标

（一）知识点

1. 了解摊铺机的用途及分类。

2. 了解摊铺机的主要结构和工作过程。

3. 重点掌握摊铺机的操作步骤。

4. 重点掌握摊铺机操作的注意事项。

（二）技能点

1. 熟练、安全、高效率地模拟操作摊铺机。

2. 在模拟操作仪上熟练完成摊铺机的典型工作任务。

二、实训项目背景

（一）摊铺机的用途

摊铺机是用来将符合工程技术规范要求和摊铺机技术要求的水泥混凝土，均匀地摊铺在已修整好的基层上，铺筑成符合设计标准要求的水泥混凝土面层的设备。水泥混凝土摊铺机已广泛应用于公路、城市道路、机场、港口、广场，以及水库坝面等水泥混凝土面层的铺筑施工中。

（二）摊铺机的分类

摊铺机的分类方法较多，按照行走方式不同，可将摊铺机分为两大类，一类是轨道式摊铺机，另一类是履带式摊铺机；按履带的数目不同，可分为四履带式、三履带式和两履带式摊铺机；按摊铺工序不同，可以分为内部振动器在布料器之前和在布料器之后 2 种类型；按自动调平系统型式不同，可分为电液自动调平摊铺机和机液自动调平摊铺机 2 类；按内部振动器型式不同，可分为电动振动式和液压振动式 2 类。

（三）摊铺机的技术原理

以水泥混凝土摊铺机为例，分析其施工技术原理：螺旋布料器将自卸车或水泥混凝土搅拌车卸在路基上的水泥混凝土横向均匀地摊铺开；由一级进料计量装置刮平板初步刮平水泥混凝土铺层表面，将多余的水泥混凝土往前推移；用内部振捣器对水泥混凝土铺层进行初步振实、捣固；用外部振捣器对水泥混凝土铺层再次振实，并将外露的大粒径骨料强制压入铺层内；由二级进料计量器进料控制板（在成形盘前）再次刮平铺层，并控制进入成形盘的水泥混凝土的数量；用成形盘对捣实后的水泥混凝土铺层进行挤压成形；利用定形盘对铺层进行平整、定形和修边。

三、相关知识准备

摊铺机（以滑模式摊铺机为例）的主要结构由机架、喷水装置、发动机、伸缩机架、传感器、转向装置、布料机和附属装置等部分组成（如图 6.1 所示）。

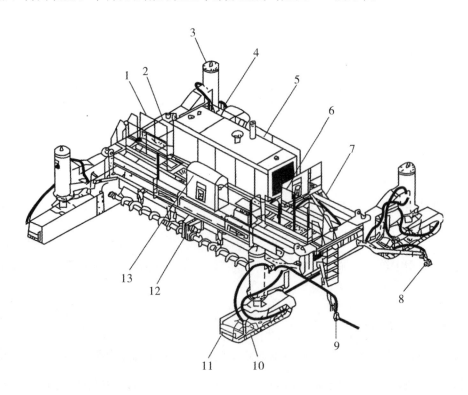

1—机架；2—喷水装置；3—支腿；4—油箱；5—发动机；6—平台；7—伸缩机架；

8、9—传感器；10—转向装置；11、12—布料机；13—操作台。

图 6.1　滑模式摊铺机基本结构

四、实训项目准备工作

（一）操作前的准备工作

1. 摊铺机操作人员必须经过专业培训，了解机械性能、构造，掌握保养知识，熟练地掌握本机性能及操作要领和安全事项，并经有关部门确认合格后，方可单独操作。

2. 起动发动机前必须检查油（机油、燃油、工作油、润滑油）量是否足，风扇上皮带的松紧度，有无漏油及其部件松动现象。检查当天工作所需的各种配件、附件、工具等是否齐备。

3. 起动发动机后，怠速运行至少两分钟后检查各监控系统指示是否正常。

4. 运料车辆倒料必须有人指挥，准确将料卸入机器料斗内。

5. 在摊铺机工作前须和左右调平人员取得联系，确保其他人员不在作业中，方可作业。

6. 由作业挡向行车模式转换，必须处在小油门，于机器完全停稳后，各工作部件停止工作的情况下进行。

7. 操作人员严禁酒后操作，操作设备时必须穿戴整齐，不得穿拖鞋，不得有吸烟、饮食等其他有碍安全作业行为。

8. 摊铺机在工作前，所有防护装置必须安装在指定位置上。

9. 操作室（台）必须保持清洁，及时清理油污等污物，不得乱放工具等其他物品。

（二）安全注意事项

1. 操作人员离开操作台前，必须将操作机构全部置于"0"位上。

2. 在液压自动加宽摊铺机加宽时，必须注意和观察附近情况，以免伤人和损坏设备。

3. 当摊铺在使用液化气罐加热时，必须将罐阀关闭；当环境温度高于200℃或太阳直晒气罐时，气罐必须加以遮盖。

4. 摊铺结束后，清洗材料输送、捣实装置，停机时必须把熨平板放置在垫木上，机器停放不得妨碍交通，且应放置警示牌；发动机怠速运行5分钟再熄火，然后切断电源，锁上仪表盘。

5. 设备保养必须按照说明书中的要求进行。

6. 设备维修保养时，料斗、熨平板必须固定牢靠，发动机熄火；维修液压系统时，必须释放液压系统的余压。

（三）其他注意事项

在摊铺机的使用中，做好液压系统的保养工作，就可大大地减少故障。一般应注意以下几点：

1. 液压油在加入液压油箱前，应采用清洁的容器盛装，液压油须经滤油器过滤后再加入液压油箱；液压油的更换周期（一般 1000 h 更换一次）视所用油液质量而定；更换液压油应在工作温度下进行；为了保证液压系统的散热良好，应定期清洗液压油散热器。

2. 由于沥青摊铺机的施工环境一般比较恶劣，液压油滤芯的更换周期（一般以 750 h 为宜）也应缩短。更换新滤芯时应做检查，严禁使用已变形、污染或生锈的滤芯。

3. 在启动发动机前，应先怠速运转一段时间后，再操纵各执行元件工作，这样有利于液压泵的使用。

4. 摊铺机由于长期使用，其液压系统参数会发生变化，必须定期检查液压系统的参数设置，及时调整。

五、模拟操作摊铺机程序

（一）模拟操作仪介绍

整机部件分为主机箱、座椅、摊铺机控制按钮等。参考图 6.2 至图 6.4：

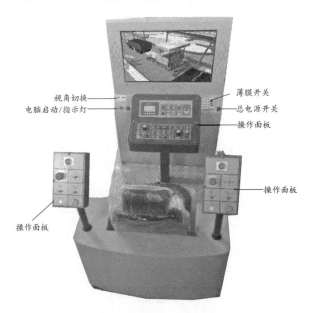

图 6.2　摊铺机模拟操作仪

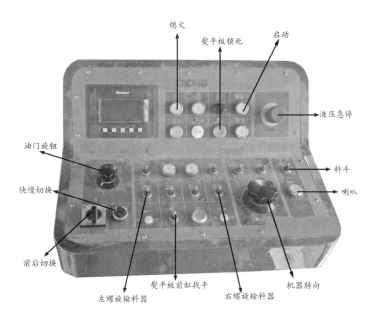

图 6.3　模拟操作仪操作面板 1

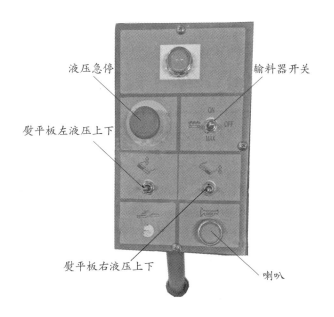

图 6.4　模拟操作仪操作面板 2

薄膜开关中常用按钮的说明：

④——向左移动

⑥——向右移动

②——向上移动

⑧——向下移动

菜单——是否退出课题提示窗口

确定——确定选项

（二）模拟操作程序

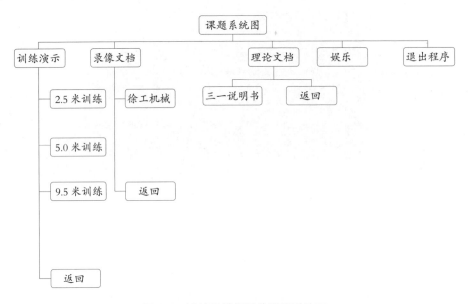

图 6.5 摊铺机模拟操作课题系统图

软件部分的操作主要是通过"薄膜开关"进行控制，各个按钮的功能详见"薄膜开关"各个按钮的说明。

第一步：进入摊铺机模拟操作系统主界面，如图 6.6。

图 6.6 摊铺机模拟操作主界面

按薄膜开关中的⑧——向下移动选择：训练演示、录像文档、理论文档、娱乐、退出系统。

第二步：选中训练演示项目，按薄膜开关中的"确定"按钮，进入摊铺机训练课题选择界面，如图6.7。

按薄膜开关中的⑧——向下移动选择不同的操作课题。

图6.7　实机训练选择界面

第三步：驾驶训练分为2.5米训练课题、5.0米训练课题、9.5米训练课题。按薄膜开关中的"确定"按钮，进入所选择的摊铺机操作课题。

进入程序后，点火启动钥匙或启动按钮，画面中"红色钥匙图像"变成"绿色钥匙图像"，表明机器已经启动。

打开料斗。

打开左、右螺旋出料器。

根据场景来调节快慢切换及机器转向。

在操作的过程中如果想退出该课题，按薄膜开关上的"菜单"按钮，弹出图6.8所示界面，然后通过薄膜开关④——向左移动或⑥——向右移动，来选择"是"或"否"，选中后，再按"确定"按钮，则返回到"课题选择"，或保留课题操作。

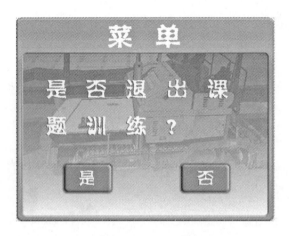

图 6.8　退出课题

关闭摊铺机模拟仿真操作软件只需返回最初级界面（如图 6.9 所示），选择退出程序，按薄膜开关的"确定"按钮即可。

图 6.9　退出程序后会自动关机

六、学习笔记（典型工作任务的操作步骤）

_____

_____

_____

_____

_____

_____

_____

_____

_____

七、实训项目评价

评价内容	优秀	良好	中等	及格	不及格
1. 实训准备					
2. 实训表现					
（1）模拟操作表现					
（2）典型工作任务的掌握					
（3）学习笔记					
3. 实训作业					
综　合					

实训项目七　模拟操作铣刨机

一、实训目标

（一）知识点

1. 了解铣刨机的用途及分类。

2. 了解铣刨机的主要结构和工作过程。

3. 重点掌握铣刨机的操作步骤。

4. 重点掌握铣刨机操作的注意事项。

（二）技能点

1. 熟练、安全、高效率地模拟操作铣刨机。

2. 在模拟操作仪上熟练完成铣刨机的典型工作任务。

二、实训项目背景

（一）用途

路面铣刨机（图 7.1）是沥青路面养护施工机械的主要机种之一，主要用于公路、城镇道路、机场、货场等沥青混凝土面层的开挖翻新，或清除路面拥包、油浪、网纹、车辙等缺陷，以及水泥路面的拉毛及面层错台的铣平。

图 7.1　徐工 XM200K 铣刨机

（二）分类

按铣削形式分类，分为冷铣式和热铣式 2 种。冷铣式配置功率较大，刀具磨损较快，切削料粒度均匀，可设置洒水装置喷水，使用广泛，已成系列；热铣式由于增加了加热装置而使结构较为复杂，一般用于路面再生作业。

按铣削转子旋转方向分类：顺铣式和逆铣式 2 种。转子的旋转方向与铣刨机行走时的车轮旋转方向相同的为顺铣式，反之则为逆铣式。

按结构特点分类：轮式和履带式 2 种。轮式机动性好、转场方便，特别适合于中小型路面作业；履带式多为铣削宽度 2000 mm 以上的大型铣刨机，适用于大面积路面再生工程。

按铣削转子位置分类：后悬式、中悬式与后桥同轴式。后悬式即铣削转子悬挂于后桥的尾部，中悬式即铣削转子在前后桥之间，后桥同轴式即铣削转子与后桥同轴布置。

按铣削转子作业宽度分类：小型、中型和大型 3 种。小型铣刨机的铣削宽度为 300 ~ 800 mm，铣削转子的传动方式多采用机械式，主要适用于施工面积小于 100 m² 的路面维修工程；中型铣刨机的铣削宽度为 1000 ~ 2000 mm，铣削转子的传动方式多为液压式；大型铣刨机的铣削宽度在 2000 mm 以上，一般与其他机械配合使用，形成路面再生修复的成套设备，其铣削转子的传动方式也多为液压式。

按传动方式分类：机械式和液压式 2 类。机械式工作可靠、维修方便、传动效率高、制造成本低，但其结构复杂、操作不轻便、作业效率较低、牵引力较小，适用于切削较浅的小规模路面养护作业；液压式结构紧凑、操作轻便、机动灵活、牵引力较大，但制造成本高、维修较难，适用于切削较深的中、大规模路面养护作业。

（三）铣刨机的技术原理

铣刨机规格、型号不同时，其结构、布置也略有区别，但基本工作原理相同或相似。铣刨机动力传动的路线：发动机→液压泵→液压马达→液压缸→工作装置。

有的铣刨机根据需要安装倾斜调整器，用来控制转子的倾斜度。一般大型铣刨机都有由传送带和集料器组成的集料输送装置，它可将铣削出的散料集中并传送至随机行走的运载汽车上，输送臂的高度可以调节并可左右摆动，以调整卸料位置。

三、相关知识

铣刨机的主要结构由发动机、车架、铣削转子、铣削深度调节装置、液压元件、集料输送装置、转向系及制动系等组成。铣削转子是铣刨机的主要工作部件，它由铣削转子轴、刀座和刀头等组成，直接与路面接触，通过其高速旋转的铣刀进行工作而达到铣削的目的。铣刨机上设有自动调平装置，以铣削转子侧盖作为铣削基准面，控制 2 个定位液压缸，使所给定的铣削深度保持恒定。其液压系统用来驱动铣削转子旋转、整机行走、辅助装置工作等，一般为多泵相互独立的闭式液压系统，工作时互不干扰且可靠性较高。

四、实训项目准备工作

（一）操作前的准备工作

1. 机器必须由专业人员操作，并在操作前认真阅读操作手册，了解机械性能与构造，掌握保养知识，熟练地掌握本机性能及操作要领和安全事项。

2. 每次运转前要检查机油油位，使用后要清洁空气过滤器。

3. 铣刀轴应该每日检查，如果上面磨出的槽超过刀轴直径的 25%，则要更换。一般来说，刀轴的寿命是钨钢铣刀寿命的一半。但是请千万注意，有很多因素会影响刀轴的寿命，因此必须要每日检查。

4. 每使用 4 小时后，要给轴承加润滑脂。加润滑脂时，一边加一边转动铣鼓，使油脂涂在整个轴承内。

5. 每次操作前用肉眼检查机器所有紧固件是否拧紧，零件是否有明显磨损或开裂，供油油路是否完好，检查轴承，检查各个防护罩是否盖住等。

6. 每次操作前，要检查皮带松紧度。新皮带在运转 4 小时后应该重新调整松紧度，必须保持适当的皮带松紧度，才能把发动机的输出马力传送到铣鼓上。太紧的皮带容易磨损，同时还会缩短轴承的寿命，如出现有断痕、严重磨损的皮带，应立即换新的。

7. 操作人员严禁酒后操作，操作设备时必须穿戴整齐，不得穿拖鞋，不得有吸烟、饮食等其他有碍安全作业行为。

（二）铣刨机的安全操作事项

1. 机器最主要的工作部分由铣刀、轴承、垫片、铣鼓组成，在操作过程中由于长时间与路面摩擦，消耗快，必须定期更换、检查才能更好地延长机器的使用寿命；

2. 一般来说，铣刀开裂非常少见，如有发生，通常说明有下列情况：

（1）铣鼓上的铣刀排列不规则，

（2）单次铣刨太深，

（3）使用不合适的铣刀来进行不同类型路面的作业，

（4）铣刨表面的强度过大；

3. 每次改变铣刀排列时，检查铣刀轴和轴承，如果轴上出现磨损的槽，就需要更换新的，换轴要同时换轴承；

4. 在更换铣刀或做保养时，检查铣鼓的中心轴条是否有裂缝、轴套孔是否变成椭圆形、焊缝处是否有裂缝，如果发现任何损坏，须更换新鼓；

5. 在检查铣刨机底部的铣鼓时，必须注意：机器必须朝前翻倒，绝不能朝后翻，不然机油会倒灌进发动机汽缸内。

五、模拟操作程序

（一）模拟操作仪介绍

整机部件分为主机箱、座椅、铣刨机操纵杆、控制按钮、启动钥匙等。参考图7.2：

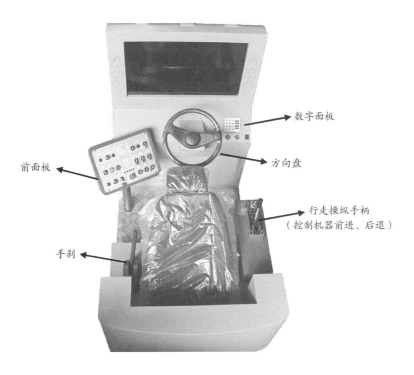

图7.2　铣刨机模拟操作仪

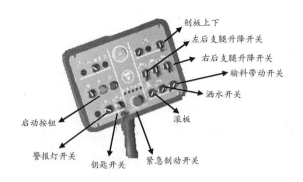

图 7.3　前面板示意图

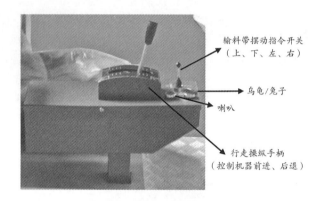

图 7.4　行走操纵手柄周围部件

数字面板中常用按钮的说明：

①——前视窗口

⑤——后视窗口

②——向上移动

⑧——向下移动

④——向左移动

⑥——向右移动

功能——显示/隐藏小窗口

菜单——是否退出课题提示窗口

F1——帮助

启动——相当于钥匙，启动机器

退出——返回上一层

确定——确定选项

（二）模拟操作程序

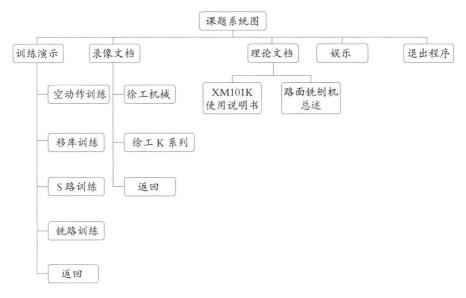

图 7.5　铣刨机模拟操作课题系统图

软件部分的操作主要是通过数字面板进行控制，各个按钮的功能详见数字面板各个按钮的说明。

具体的操作步骤如下：

第一步：如图 7.6 所示，在铣刨机模拟操作系统主界面，按数字面板中的⑧——向下移动，选择"训练演示"，按"确定"按钮，进入铣刨机实机训练界面。

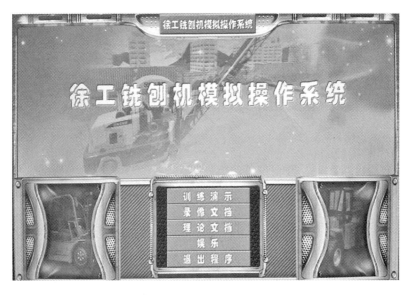

图 7.6　铣刨机模拟操作系统主界面

注：按数字面板中的②——向上移动或⑧——向下移动，还可选择录像文档、理论文档、娱乐、退出程序。

图 7.7　实机训练界面

第二步：在实机训练界面（图 7.7），按数字面板中的②——向上移动或⑧——向下移动，可选择不同的操作课题：空动作训练、移库训练、S 路训练、铣路训练。

●启动机器

进入程序后，启动点火钥匙（机器点火），再按一下"启动"按钮，画面中"红色钥匙图像"变成"绿色钥匙图像"，表明机器已经启动。

把"乌龟/兔子"控制按钮（控制机器行走速度）设为"乌龟"，然后把"行走操纵手柄"（从前到后为 3 挡，即前进、停止、后退）向内侧压，调至顶端即为"前进"，此时机器则缓缓前进。

练习 1：启动机器，把"乌龟/兔子"控制按钮设为"兔子"，再把"行走操纵手柄"设为"前进""停止"或"后退"，观察其效果。

练习 2：启动机器，将"输料带摆动指令开关"上、下、左、右移动，观察其效果；

设置"刨板上下""左后支腿升降开关""右后支腿升降开关""滚板""洒水开关""输料带转动开关"各开关，观察其效果。

●铣路训练

启动机器（启动"点火钥匙"，再按"启动按钮"），确保左后支腿和右后支腿降至最低，打开"滚板""洒水开关"和"输料带转动开关（正转）"，调节输料带（上、下、左、右）方向，对准卡车，速度设为"乌龟"，设置"行走操纵手柄"为"前进"，机器开始铣地。

注：随时调节输料带方向，使其铣地废料落入卡车。

在操作的过程中，如果想退出该课题，按数字面板上的"菜单"按钮，然后通过数字面板②——向上移动或⑧——向下移动，来选择"是"或"否"，选中后，再按"确定"按钮，则退出（或保留）课题操作。

按数字面板中的"退出"按钮则可以返回上一层。即：从"课题选择"返回到"训练演示"，再按一次，则返回到"总菜单"。

其他课题的操作与上面的操作过程相同。

●录像文档

在铣刨机模拟操作系统主界面，选择"录像文档"，按"确定"按钮，进入"视频学习"，如图 7.8 所示。按数字面板中的②——向上移动或⑧——向下移动，选择徐工机械、徐工 K 系列内容。

图 7.8　视频学习界面

●理论文档

在铣刨机模拟操作系统主界面，选择"理论文档"，按"确定"按钮，进入"理论学习"，如图 7.9 所示。按数字面板中的②——向上移动或⑧——向下移动，可选 XM101K 使用说明书、路面铣刨机综述内容。

图 7.9 理论学习

学习完毕，在主界面选择"退出程序"，按"确定"按钮，结束模拟操作（图7.10）。

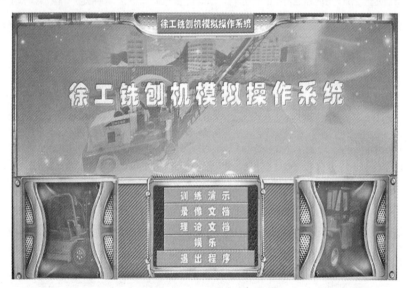

图 7.10 退出系统后会自动关机

六、学习笔记（典型工作任务的操作步骤）

_____

_____

_____

_____

_____

_____

_____

_____

_____

_____

七、实训项目评价

评价内容	优秀	良好	中等	及格	不及格
1. 实训准备					
2. 实训表现					
（1）模拟操作表现					
（2）典型工作任务的掌握					
（3）学习笔记					
3. 实训作业					
综　合					

实训项目八　模拟操作塔吊

一、实训目标

（一）知识点

1. 了解塔吊的用途及分类。

2. 了解塔吊的主要结构和工作过程。

3. 重点掌握塔吊的操作步骤。

4. 重点掌握塔吊操作的注意事项。

（二）技能点

1. 熟练、安全、高效率地模拟操作塔吊。

2. 在模拟操作仪上熟练完成塔吊的典型工作任务。

二、实训项目背景

（一）塔吊的用途

图8.1　塔吊

塔吊（图8.1）是建筑工地上最常用的一种起重设备，又名"塔式起重机"，是一节（简称"标准节"）一节接长（高）的，广泛地用于吊施工用的钢筋、木楞、混凝土、钢管等原材料。

（二）塔吊的分类

塔吊分为上回转塔吊和下回转塔吊两大类，其中前者的承载力要高于后者。按能否移动又分为：行走式和固定式。固定式塔吊塔身固定不转，安装在整块混凝土基础上，或装设在条形或者X形混凝土基础上。

按变幅方式可分为：俯仰变幅式、小车变幅式。

按操作方式可分为：可自升式、不可自升式。

按转体方式可分为：动臂式、下部旋转式。

按固定方式可分为：轨道式、水母架式。

按塔尖结构可分为：平头式、尖头式。

按作业方式可分为：机械自动、人为控制。

（三）塔吊的技术原理

塔吊上端分为3个部分：平衡臂、起重臂和塔顶。塔顶与两臂连接后，再在塔顶上端分别让两臂装上拉杆，拉杆能使臂保持稳定。在吊原料时运用的是杠杆的原理，两臂受力平衡才能让塔吊持续工作（图8.2）。

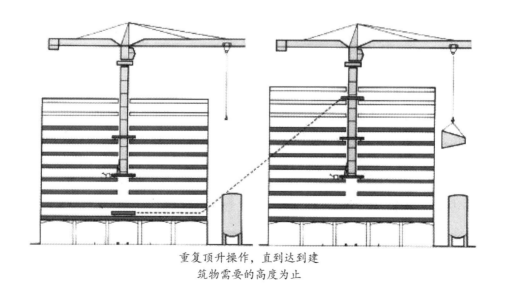

重复顶升操作，直到达到建
筑物需要的高度为止

图8.2 塔吊的工作原理

三、相关知识准备

塔吊的主要结构包括塔吊尖和自升塔顶。塔吊尖的功能是承受臂架拉绳及平衡臂拉绳传来的上部荷载，并通过回转塔架、转台、承座等结构部件将载荷传递给塔身结构。自升塔顶有截锥柱式、前倾或后倾截锥柱式、人字架式及斜撑架式。

四、实训项目准备工作

（一）操作前的准备工作

1. 使用前，应做检查，确认各金属结构部件和外观情况完好，空载运转时声音正常，重载试验制动可靠，各安全限位和保护装置齐全完好，动作灵敏可靠，方可作业。

2. 操作各控制器时，应依次逐步操作，严禁越挡操作。在变换运转方向时，应将操作手柄归零，待电机停止转动后再换向，力求平稳，严禁急开急停。

3. 在设备运行中，如发现机械有异常情况，应立即停机检查，待故障排除后方可进行运行。

4. 严格持证上岗，严禁酒后作业，严禁以行程开关代替停车操作，严禁违章作业和擅离工作岗位或把机器交给他人驾驶。

5. 装运重物时，应先离开地面一定距离，检查并确认制动可靠后方可继续进行。

（二）塔吊的安全操作事项

1. 斜吊不吊。

2. 超载不吊。

3. 散装物装得太满或捆扎不牢不吊。

4. 吊物边缘无防护措施不吊。

5. 吊物上站人不吊。

6. 指挥信号不明不吊。

7. 埋在地下的构件不吊。

8. 安全装置失灵不吊。

9. 光线阴暗，看不清吊物不吊。

10. 6级以上强风不吊。

五、模拟操作塔吊程序

（一）模拟操作仪介绍

整机部件分为主机箱、座椅、扶手箱、手柄、控制按钮。参考图8.3。

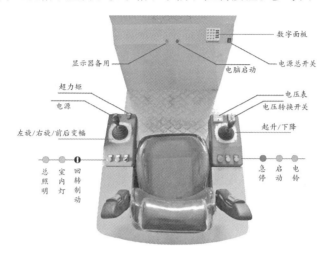

图 8.3　塔吊模拟操作仪

软件部分的操作主要是通过数字面板进行控制，各个按钮的功能详见数字面板各个按钮的说明。

数字面板中常用按钮的说明：

①——前视窗口

⑤——后视窗口

②——向上移动

⑧——向下移动

④——向左移动

⑥——向右移动

功能——显示/隐藏小窗口

菜单——是否退出课题提示窗口

F1——帮助

启动——相当于钥匙，启动机器

退出——返回上一层

确定——确定选项

（二）模拟操作程序

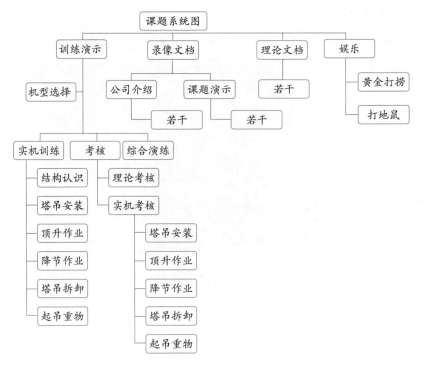

图8.4 塔吊模拟操作课题系统图

具体的操作步骤如下：

第一步：在塔吊模拟操作系统主界面，按数字面板中的④——向左移动或⑥——向右移动，可选择训练演示、视频文档、理论文档、娱乐、退出系统，如图8.5所示。

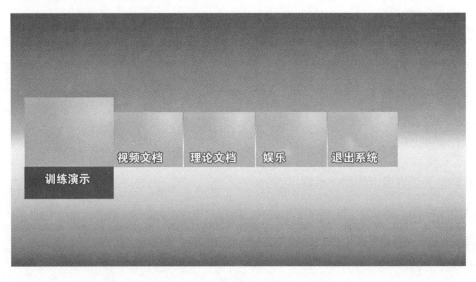

图8.5 塔吊模拟操作系统主界面

第二步：选定"训练演示"，按数字面板中的"确定"按钮，进入训练课题选择界面，如图8.6。

按数字面板中的②——向上移动或⑧——向下移动选择不同的操作课题。

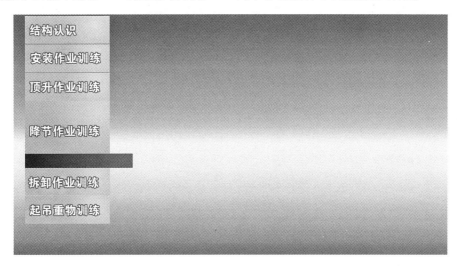

图8.6　塔吊训练课题选择界面

进入程序后，旋转钥匙，画面中"红色钥匙图像"变成"绿色钥匙图像"，表明机器已经启动；或者通过数字面板上的"启动"按钮，也可以实现同样的效果。

图8.7　安装作业训练

图 8.8　顶升作业训练　　　　　　　　图 8.9　降节作业训练

图 8.10　拆卸作业训练　　　　　　　图 8.11　起吊重物训练

按数字面板中的"退出"按钮则可以返回上一层。即：由"训练课题"返回到"课题选择"，再按一次，则返回到"总菜单"。

其他课题的操作与上面的操作过程相同。

●理论考核

理论考核用于检测学员对工程机械操作及保养相关理论的掌握程度，主要是以选择题的形式进行考核（图8.12）。

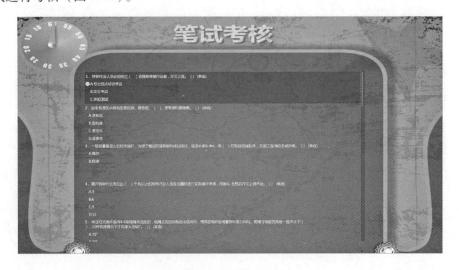

图 8.12　理论考核

六、学习笔记（典型工作任务的操作步骤）

_____

_____

_____

_____

_____

_____

_____

_____

_____

_____

七、实训项目评价

评价内容	优秀	良好	中等	及格	不及格
1. 实训准备					
2. 实训表现					
（1）模拟操作表现					
（2）典型工作任务的掌握					
（3）学习笔记					
3. 实训作业					
综　合					

实训项目九　模拟操作汽车吊/履带吊

一、实训目标

（一）知识点

1. 了解汽车吊/履带吊的用途及分类。

2. 了解汽车吊/履带吊的主要结构和工作原理。

3. 熟练掌握汽车吊/履带吊的安全操作步骤。

4. 重点掌握汽车吊/履带吊操作的注意事项。

（二）技能点

1. 熟练、安全、高效率地模拟操作汽车吊/履带吊。

2. 在模拟操作仪上熟练完成汽车吊/履带吊的典型工作任务。

二、实训项目背景

（一）汽车吊/履带吊的用途

汽车吊/履带吊（如图9.1、图9.2）是一定范围内垂直提升和水平搬运重物的多动作起重机械，属于物料搬运机械。其工作特点是做间歇性运动，即在一个工作循环中由相应机构做取料、运移、卸载

图9.1　汽车吊

图9.2　履带吊

等动作。汽车吊/履带吊广泛用于港口、车间、工地等地的起吊搬运、抢险、起重、机械、

救援。

（二）分类

吊车分类方法较多，一般分为两大类。一类是可移动式吊车：汽车吊、履带吊、轮胎吊等；另一类是固定式吊车：码头吊、塔吊、龙门吊等。通常所说的吊车多指汽车吊、履带吊、轮胎吊。

（三）汽车吊/履带吊的技术原理

汽车吊/履带吊是一种做循环、间歇运动的机械。一个工作循环包括：取物装置从取物地把物品提起，然后水平移动到指定地点降下物品，接着进行反向运动，使取物装置返回原位，以便进行下一次循环。

三、相关知识

汽车吊/履带吊的主要结构包括起升机构、运行机构、变幅机构、回转机构和金属结构等。起升机构是起重机的基本工作机构，大多由吊挂系统和绞车组成，也有通过液压系统升降重物的；运行机构用以纵向、水平运移重物或调整起重机的工作位置，一般是由电动机、减速器、制动器和车轮组成；变幅机构只配备在臂架型起重机上，臂架仰起时幅度减小，俯下时幅度增大，分平衡变幅和非平衡变幅2种；回转机构用以使臂架回转，是由驱动装置和回转支承装置组成；金属结构是起重机的骨架，主要承载件如桥架、臂架和门架。

四、实训项目准备工作

（一）岗位责任

1. 吊车驾驶员每日必须按照设备巡回检查图对所驾设备进行"一日三检"。

2. 负责在起吊工作中的人员和机械安全。

3. 严格按操作规程和安全技术交底实施作业。

（二）岗位任职条件

1. 机长、班长和主要工种的工人必须接受过良好的专业安全技术及技能培训，持证上岗。

2. 机组工班人员必须有足够的精力，每天工作时间累计不得超过8小时。

3. 机组工班人员严禁酒后工作。

4. 严禁穿拖鞋或赤脚工作。

（三）上岗准备工作

1. 接受安全技术交底，包括：各安全保护装置和指示仪表齐全完好；燃油、润滑油、液压油及冷却水添加充足；轮胎气压符合规定。

2. 看周围有无障碍物。

3. 观看指挥信号。

（四）安全操作事项

1. 杜绝无证或证件（驾驶证、行驶证、从业资格证、准驾证、特种作业证）不齐上岗，以防无证人员私自驾车造成起重伤害事故。

2. 吊车驾驶员要确保穿戴齐全，以防造成误操作，引发起重伤害事故。

3. 严禁吊车司机酒后上岗和在身体状况不佳的情况下上岗，以防身体状况不佳，造成起重伤害事故。

4. 吊车驾驶员作业时精力要集中，不准有吃零食、接打电话、闲谈、吸烟等妨碍起重作业的行为，以防精力分散，造成起重伤害事故。

5. 吊车驾驶员在起重装卸中持续作业不能超过 3 小时，超过 3 小时应停止作业，休息 1~2 小时后再进行作业，以防身体状况不佳，造成起重伤害事故。

6. 吊车司机明确指挥信号后方可作业，以防发生起重伤害事故。

7. 起吊重物时，吊臂作业半径内有人则严禁起吊，以防发生起重伤害事故。

8. 严禁斜拉歪拽或起吊埋在地下、不明重量的物体，以防发生起重伤害事故。

9. 有主、副两套起升机构的，不允许同时利用主、副钩工作，以防操作不当，造成被吊物损坏或人身伤害事故。

10. 起吊作业现场视线不清时，严禁进行吊装作业，以防发生起重伤害事故。

11. 严禁超过吊车额定负荷作业，以防发生车辆倾覆、人员伤害事故。

12. 起吊较重物件时，应先将物体吊离地面 100 mm 以检查吊机的制动器、安全装置是否灵敏有效，在确认正常的情况下方可继续作业。

13. 起重作业时，支腿应完全伸出、垂直缸完全着地后方可作业，若作业场地倾斜或松软时，应使用垫板加强支撑，提高稳定性；以防吊重物后车辆倾覆。汽车起重机移动位置和停放时必须收好支腿。

14. 回落重物时，卷筒绳应保留 3 圈的安全绳，以防发生卷筒反卷现象，造成起重伤害事故。

15. 起重机带载回转要平稳，防止快速回转引起吊载外摆而造成货物倾翻事故。在旋转时，无论周围是否有人，都要鸣笛示警。

16. 操作员在起升或回落重物时，应做到平稳、准确、安全、合理地操作设备，应防吊物游摆，造成物体滑落，发生起重伤害事故。

17. 起吊作业中，车皮内有人时严禁进行起吊作业，以防发生起重伤害事故。

18. 起吊作业中，被起吊物上有人或浮置物时严禁起吊，以防发生人员伤害事故。

19. 吊车在进行满负荷或接近满负荷起吊时，禁止同时进行两种或两种以上的操作动作，以防吊装物摆动滑落，发生起重伤害事故。

20. 吊车作业时，应封闭作业区域，如有外来人员和车辆需要进入时，应暂停作业，以防发生起重伤害事故。

21. 在物件处于悬吊状态时，司机不准擅自离开驾驶室，只有将重物落地后方可离开，防止吊机失控，造成货物损坏或人身伤害事故。

22. 用两台或多台起重机吊运同一重物时，每台起重机都不得超载。吊运过程应保持钢丝绳垂直，保持运行同步，以防吊载不均，造成吊机倾覆事故。

23. 流动式起重机的稳定性是后方大于侧方，在从后方向侧方回转时，要注意控制转速，防止倾翻。汽车起重机应避免在其前方作业。

24. 在大雨、大雪、大雾和 6 级大风等恶劣天气时应停止作业，以防事故发生。

25. 需办理二级、三级作业许可证时，应见到作业许可证后方可进行作业。

26. 驾驶检验合格的车辆，严禁开"带病"车，以防车辆故障引发交通、起重伤害事故。

27. 对于紧急停车信号，不论发出的是何人，操作员都应立即停车。

28. 在库内行车应限速 10 km/h，经过铁路道口时应减速至 5 km/h，以防发生与车辆、行人或火车碰撞事故。

五、模拟操作汽车吊/履带吊程序

（一）模拟操作仪介绍

整机部件分为主机箱、座椅、汽车吊操纵杆、控制按钮、启动钥匙等。参考图9.3：

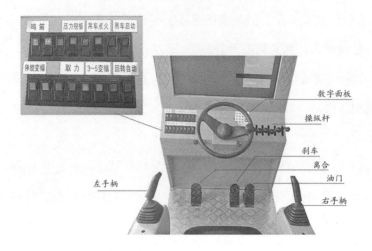

图9.3　汽车吊/履带吊模拟操作仪

数字面板中常用按钮的说明：

①——前视窗口

⑤——后视窗口

②——向上移动

⑧——向下移动

④——向左移动

⑥——向右移动

功能——显示/隐藏小窗口

菜单——是否退出课题提示窗口

F1——帮助

启动——相当于钥匙，启动机器

退出——返回上一层

确定——确定选项

（二）模拟操作程序

软件部分的操作主要是通过数字面板进行控制，各个按钮的功能详见数字面板各个按钮的说明。

具体的操作步骤如下：

第一步：在汽车吊/履带吊模拟操作系统主界面，如图9.4所示，按数字面板中的"确定"按钮，进入"训练演示"界面。

图9.4 汽车吊/履带吊模拟操作程序主界面

第二步：在训练演示界面，按数字面板中的②——向上移动或⑧——向下移动选择实机考核、实机训练，如图9.5。

图9.5 汽车吊/履带吊训练演示选择界面

第三步：选中实机训练后，按数字面板中的"确定"按钮，进入汽车吊/履带吊实机训练课题选择界面，如图9.6。

按数字面板中的②——向上移动或⑧——向下移动选择不同的操作课题：行走练习、定点站位练习、精确就位练习、起吊重物练习。

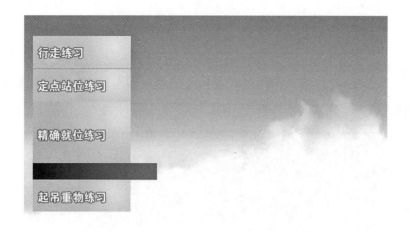

图9.6　汽车吊/履带吊实机训练课题选择界面

进入程序后，点火启动钥匙，画面中"红色钥匙图像"变成"绿色钥匙图像"，表明机器已经启动。

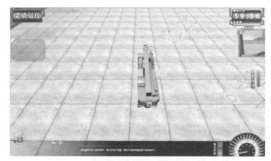

图9.7　定点站位练习

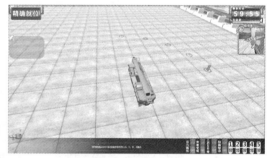

图9.8　精确就位练习

图9.9　起吊重物练习

实机考核分为：定点站位考核、精确就位考核。

在操作的过程中如果想退出该课题，按数字面板上的"退出"按钮，则退出课题操作。

按数字面板中的"退出"按钮则可以返回上一层。即：由"课题选择"返回到"模式选择"，再按一次，则返回到"总菜单"。

其他课题的操作与上面的操作过程相同。

退出系统后，电脑会自动关机（图9.10）。

图9.10　退出系统

●汽车吊启动操作

1. 行走练习。

将所有翘板开关关闭，点火启动钥匙，踩住离合，挂挡，松开离合，踩油门，机器开始行走。

2. 起吊重物。

（1）关闭所有翘板开关，将挡位推至空挡，即最上方；

（2）先打开翘板开关"吊车启动"，再打开翘板开关"鸣笛"；

（3）起吊重物（打开"压力""取力"翘板开关）。

①放下支腿（先水平支腿，后垂直支腿，当水平支腿完全放下后，再放垂直支腿）。

水平支腿，先将支腿操纵杆推至最下方，按下操纵杆液压阀不动，可看到水平支腿慢慢伸出；

垂直支腿，先将支腿操纵杆推至最上方，按下操纵杆液压阀不动，可看到垂直支腿慢慢伸出；

注：支腿完全放下后，将支腿操纵杆推至中间空挡位置。

②利用左右手柄，操纵模拟机。

注：以下操作，皆在踩下脚踏油门的情况下进行。

汽车吊 1 臂操作：

左手柄：左右推动，汽车吊 1 臂左右移动。

右手柄：左右推动，抬起或放下 1 臂；

上下推动，放下或收起挂钩。

汽车吊 2、3~5 臂操作：

2 臂：先打开"伸缩变幅"翘板开关，推动右手柄向右，伸出 2 臂（推动右手柄向左，2 臂收回）。

3~5 臂：先打开"3~5 臂变幅"翘板开关，推动右手柄向右，伸出 3~5 臂（推动右手柄向左，3~5 臂收回）。

注：3~5 臂伸出，应在 2 臂完全伸出的前提下。而收回时，应先将 3~5 臂完全收回，关闭翘板开关"3~5 臂变幅"，再收回 2 臂；2 臂完全收回后，关闭翘板开关"伸缩变幅"，才能操作 1 臂。

六、学习笔记（典型工作任务的操作步骤）

_____

_____

_____

_____

_____

_____

_____

_____

_____

七、实训项目评价

评价内容	优秀	良好	中等	及格	不及格
1. 实训准备					
2. 实训表现					
（1）模拟操作表现					
（2）典型工作任务的掌握					
（3）学习笔记					
3. 实训作业					
综　合					

实训项目十　模拟操作龙门吊/桥门吊

一、实训目标

（一）知识点

1. 了解龙门吊/桥门吊的用途及分类。

2. 了解龙门吊/桥门吊的主要结构和工作原理。

3. 熟练掌握龙门吊/桥门吊的安全操作步骤。

4. 重点掌握龙门吊/桥门吊操作的注意事项。

（二）技能点

1. 熟练、安全、高效率地模拟操作龙门吊/桥门吊。

2. 在模拟操作仪上熟练完成龙门吊/桥门吊的典型工作任务。

二、实训项目背景

（一）龙门吊/桥门吊的用途

龙门吊/桥门吊（图10.1和图10.2）是用来搬运各种成件物品和散状物料的一种施工机械，多采用箱型式和桁架式结构，起重量一般在100吨以下，跨度为4～39米。它具有场地利用率高、作业范围大、适应面广、通用性强等特点，主要用于室外的货场、料场货、散货的装卸作业，在港口货场得到广泛使用。

图10.1　龙门吊

图10.2　桥门吊

（二）龙门吊/桥门吊的分类

起重机械
- 轻小型起重设备
  - 千斤顶
  - 手扳葫芦
  - 手拉葫芦
  - 电动葫芦
- 桥式类型起重机
  - 梁式起重机（桥门吊，又称桥式起重机）
  - 通用桥式起重机
  - 龙门起重机（龙门吊）
  - 装卸桥
  - 冶金桥式起重机
  - 缆索起重机
- 固定旋转起重机
  - 门座起重机
  - 塔式起重机
  - 汽车起重机
  - 轮胎起重机
  - 履带起重机
  - 铁路起重机
  - 浮式起重机
  - 臂架类型起重机
- 桅杆式起重机
- 升降机

（三）龙门吊/桥门吊的技术原理

龙门吊系由两个对称的多级液压千斤顶与横梁配套组合而成。工作时，这两个液压千斤顶，既有支柱作用，又有起升功能。它们在对称液压起升时，支顶横梁、托吊起大型管件、槽车、化工容器、机器备件等物品。

龙门吊的外层缸体用高压钢管制成，一至四级柱塞油缸的底部中心开孔，与前一级油缸相通，端面装有耐油皮碗，底部外表面有两节铜层，以提高油缸的工作同心度和密封性能。缸盖是用于保持缸内压力，并起限止行程作用的。它与缸体之间采用螺纹连接，并用环氧树脂增强密封性。大车运行是靠地梁上边的电机、减速机带动，小车运行是靠电动葫芦上边的动力电机做运动，起升或者下降是靠电动葫芦上边的起重电机带动卷筒卷起或放下钢丝绳做上下运动。

桥门吊：又称桥式起重机。起重小车在焊接主梁上运行，主梁一般由 1 根、2 根及 4 根组成，端梁一般由 2 根或 4 根组成。主梁一般为箱形结构，其箱形截面由上盖板、下盖板、主腹板及副腹板组成。箱形结构的主梁具有承载能力高、截面尺寸组合灵活等特点。

三、相关知识准备

龙门吊是一种通过桥架两端的支腿支承在地面轨道基础上的桥架型起重机。由于其类似"门"的形状，又被称为"龙门起重机"。它主要由以下零部件组成：圆柱车轮、缓冲器、块式制动器、钢丝绳、起重吊钩、司机室、减速器、铸造滑轮、铸造卷筒、电动机、电控设备等。

龙门吊的金属结构像门形框架，承载主梁下安装两条支腿，可以直接在地面的轨道上"行走"，主梁两端可接外伸悬臂梁。

桥门吊是一种横架于车间、仓库和料场上空进行物料吊运的起重设备，由于它的两端坐落在高大的水泥柱或者金属支架上，形状似桥，具有承载能力强、起重量大、工作速度较高的特点。它一般由桥架（又称"大车"）、提升机构、小车、大车移行机构、操纵室、小车导电装置（辅助滑线）、起重机总电源导电装置（主滑线）等部分组成。

四、实训项目准备工作

（一）工作前

1. 对制动器、吊钩、钢丝绳和安全装置等部件按点检卡的要求检查，发现异常现象，应先予排除。

2. 操作者必须确认走台或轨道上无人，才可以闭合主电源。

3. 当电源断路器上加锁或有告示牌时，应由原有关人除掉后方可闭合主电源。

（二）工作中

1. 每班第一次起吊重物时（或负荷达到最大重量时），应在吊离地面高 0.5 米后，重新将重物放下，检查制动器性能，确认可靠后，再进行正常作业。

2. 应按统一规定的指挥信号进行操作运行。

3. 工作中突然断电时，应将所有的控制器手柄置于"0"位，在重新工作前应检查起重机动作是否正常。

4. 起重机大车、小车在正常作业中，严禁开反车时制动停车；变换大车、小车运动方向时，必须将手柄置于"0"位，使机构完全停止运转后，方能反向开车。

5. 有两个吊钩的起重机，在主、副钩换用时和两钩高度相近时，主、副钩必须单独作业，以免两钩相撞。

6. 有两个吊钩的起重机不准两钩同时吊两个物件，在不工作的情况下，可调整起升机构制动器。

7. 不准利用极限位置限制器停车，严禁在有负载的情况下调整起升机构制动器。

（三）工作后

1. 将吊钩升高至一定高度，大车、小车停靠在指定位置，控制器手柄置于"0"位；拉下保护箱开关手柄，切断电源。

2. 进行日常维护保养。

3. 做好交接班工作。

（四）龙门吊/桥门吊的安全操作事项

严格执行"十不吊"的制度：

1. 指挥信号不明或乱指挥，不吊；

2. 超过额定起重量时，不吊；

3. 吊具使用不合理或物件捆挂不牢，不吊；

4. 吊物上有人或有其他浮放物品，不吊；

5. 抱闸或其他制动安全装置失灵，不吊；

6. 行车吊挂重物直接进行加工时，不吊；

7. 歪拉斜挂，不吊；

8. 具有爆炸性的物件，不吊；

9. 埋在地下的物件，不吊；

10. 带棱角、缺口物件未垫好，不吊。

五、模拟操作龙门吊/桥门吊程序

（一）模拟操作仪介绍

整机部件分为主机箱、座椅、龙门吊/桥门吊操纵杆、控制按钮、启动钥匙等。参考图 10.3：

图 10.3 龙门吊/桥门吊模拟操作仪

数字面板中常用按钮的说明：

①——前视窗口

⑤——后视窗口

②——向上移动

⑧——向下移动

④——向左移动

⑥——向右移动

功能——显示/隐藏小窗口

菜单——是否退出课题提示窗口

F1——帮助

启动——相当于钥匙，启动机器

退出——返回上一层

确定——确定选项

（二）模拟操作程序

软件部分的操作主要是通过数字面板进行控制，各个按钮的功能详见数字面板各个按钮的说明。

第一步：出现启动画面，按数字面板中的"确定"按钮，进入龙门吊/桥门吊模拟操作程序主界面，如图10.4。

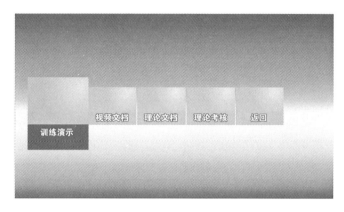

图10.4　龙门吊/桥门吊模拟操作程序主界面

图10.5　龙门吊/桥门吊训练演示界面

进入训练演示界面（图10.5），按数字面板中的②——向上移动或⑧——向下移动选择实操考核、实机训练。

第二步：选中"实机训练"或"实操考核"，按数字面板中的"确定"按钮，进入龙门吊/桥门吊实机训练或实操考核课题选择界面。

按数字面板中的②——向上移动或⑧——向下移动选择不同的操作课题。

实机训练分为：龙门吊——吊水桶停放、定点投放、基础驾驶、曲线过框。

　　　　　　　桥门吊——吊水桶停放、定点投放、基础驾驶、曲线过框。

实操考核分为：龙门吊——吊水桶停放、定点投放、基础驾驶、曲线过框。

桥门吊——吊水桶停放、定点投放、基础驾驶、曲线过框。

进入程序后，点火启动钥匙，画面中"红色钥匙图像"变成"绿色钥匙图像"，表明机器已经启动。

图10.6　吊水桶停放（龙门吊）

图10.7　定点投放（龙门吊）

图10.8　基础驾驶（龙门吊）

图10.9　曲线过框（龙门吊）

图10.10　吊水桶停放（桥门吊）

图10.11　定点投放（桥门吊）

图10.12　基础驾驶（桥门吊）

图10.13　曲线过框（桥门吊）

在操作的过程中如果想退出该课题，按数字面板上的"菜单"按钮，弹出图 10.14，然后通过数字面板②——向上移动或⑧——向下移动，来选择"是"或"否"，选中后，再按"确定"按钮，则退出（或保留）课题操作。

图 10.14　退出课题界面

按数字面板中的"退出"按钮则可以返回上一层菜单。即：从"课题选择"返回到"训练/考核选择"，再按一次，则返回到"总菜单"。

其他课题的操作与上面的操作过程相同。

点击退出系统后，电脑会自动关机（图 10.15）。

图 10.15　退出系统

六、学习笔记（典型工作任务的操作步骤）

_____

_____

_____

_____

_____

_____

_____

_____

_____

_____

七、实训项目评价

评价内容	优秀	良好	中等	及格	不及格
1. 实训准备					
2. 实训表现					
（1）模拟操作表现					
（2）典型工作任务的掌握					
（3）学习笔记					
3. 实训作业					
综　合